라멘이 과학이라면

라멘이 과학이라면

미식 호기심에 지적 허기까지 채워 주는 한 그릇의 교양

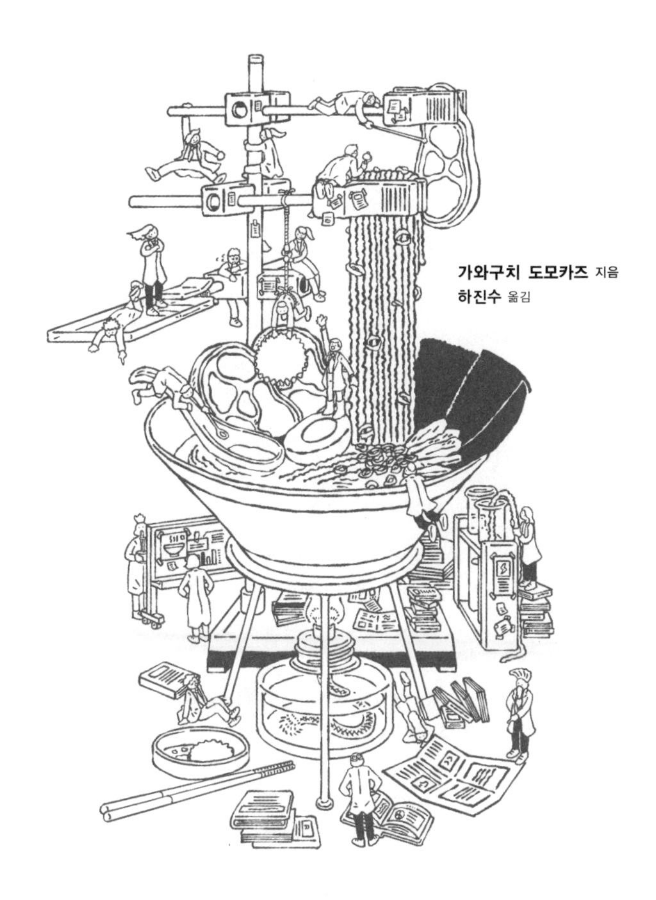

가와구치 도모카즈 지음
하진수 옮김

부·키

지은이 가와구치 도모카즈 川口友万

출판사 편집자로 근무하다가 1999년부터 본격적으로 집필에 전념하기 시작했다. 과학 정보 사이트 '사이언스뉴스'의 편집장을 맡고 있으며 '과학 실험 주점'이라는 이름의 바BAR도 운영하는 등 과학 분야에서 독특하지만 흥미진진하고 다채로운 활동을 이어 가고 있다. 지은 책으로 《위험한 과학 실험》《비타민C가 인류를 구한다》《정말 대단해! 일본 과학기술 도감》《무엇이든 미래 도감》 등이 있다.

옮긴이 하진수

서울여자대학교에서 문예창작과 언론영상학을 복수 전공했다. 졸업 후 도서 편집과 기획을 하다가 번역의 매력에 빠져 바른번역 일본어 출판번역 과정을 수료한 뒤 일본 도서 기획 번역가로 활동하고 있다. 옮긴 책으로 《어중간한 나와 이별하는 48가지 방법》《교육은 세뇌다》《나는 심플하게 살기로 했다》《경쟁의 법칙》《세계 최고의 인재는 어떻게 읽을까》 등이 있다.

라멘이 과학이라면

2019년 4월 30일 초판 1쇄 발행 | 2019년 6월 12일 초판 4쇄 발행

지은이 가와구치 도모카즈 | **옮긴이** 하진수 | **펴낸곳** 부키(주) | **펴낸이** 박윤우
등록일 2012년 9월 27일 | **등록번호** 제312-2012-000045호
주소 03785 서울 서대문구 신촌로3길 15 산성빌딩6층
전화 02) 325-0846 | **팩스** 02) 3141-4066
홈페이지 www.bookie.co.kr | **이메일** webmaster@bookie.co.kr
제작대행 올인피앤비 bobys1@nate.com

ISBN 978-89-6051-713-4 03400

책값은 뒤표지에 있습니다. 잘못된 책은 구입하신 서점에서 바꿔 드립니다.

이 도서의 국립중앙도서관 출판예정도서목록(CIP)은 서지정보유통지원시스템 홈페이지(http://seoji.nl.go.kr)와 국가자료공동목록시스템(http://www.nl.go.kr/kolisnet)에서 이용하실 수 있습니다.(CIP제어번호: CIP2019013700)

프 | 롤 | 로 | 그

이 책은 공포 소설 속 라멘 가게에서 시작되었다.

그 라멘 가게에는 사람들이 항상 길게 대기 줄을 서 있다. 손님들은 홀리기라도 한 것처럼 가게를 찾는다. 대박의 비밀은 라멘 그릇에 넣어 주는 백색 가루. 그런데 가루의 정체가 바로 마약이었던 것이다!

〈요리사 아지헤이〉(1970년대 중반 《주간소년점프》에 연재되었던 요리 만화—옮긴이)의 블랙 카레보다 평범한 음식을 찾다 보니 라멘이 떠올랐다. 평소 공포 소설에 관심이 많았는데 라멘 그릇에 글루탐산 가루를 넣는 모습을 보고 이런 무시무시한 상상을 해 버린 것이다.

어쨌든 내 상상의 모델이 되었던 실제 라멘 가게에는 지금도 매일 엄청난 대기 줄이 생긴다. 그 대기 줄은 작가의 망상도, 무엇도 아니다. 한두 해만의 반짝 인기도 아니다. 나는 일 때문에 매주 그 가게 앞을 지났는데, 7년 동안 대기 줄이 끊긴 적이 없었다.

이런 줄은 배급 제도를 실시하는 과거 사회주의 국가에서나 볼 수 있는 것 아니었나? 백색 가루는 차치하고 단순한 인기 정도로는 사람들이 이렇게 줄을 서는 현상을 설명할 수 없다. 분명 다른 무언가가 있다고 생각했다. 이후 여러 조사를 통해 뇌의 수용체receptor에 그 비밀이 있다는 결론을 내렸는데 자세한 내용은 추후에 설명하겠다.

라멘은 과학과 어울리지 않는다. 라멘 하면 배 속까지 따뜻해지는 편안함, 한 그릇을 비우고 나서 "후!" 하고 숨을 내뱉을 때의 만족감, 한 줄로 나란히 앉아서 먹는 즐거움 등이 연상된다. 소소하지만 소중한 행복이 떠오르는 것이다.

과학은 그런 라멘을 해체하고 분석한다. 하지만 라멘을 '아미노산과 핵산을 함유한 염화나트륨 용액에 당질과 단백질의 결착 조직을 담가 적신 것'이라고 설명하긴 싫었다. 왠지 라멘을 그저 그런 것으로 취급하는 것 같았다. 그리고 라멘이 그렇게 단순한 물질이 되어 버리면 그 안에서 행복을 발견하기는 힘들 것 같다.

그러나 한편으로 라멘에는 과학이 따라다닌다. 중화면을 중화면답게 만들어 주는 간스이梘水(중국식 국수를 만들 때 밀가루에 섞는 용액—옮긴이)는 탄산칼륨이나 탄산나트륨을 주성분으로 하는 화학물질이고, 맛있는 국물의 비결은 아미노산이나 핵산이 만들어 내는 맛의 상승 효과 덕분이다.

유명 맛집의 한 그릇이든 마트에서 파는 인스턴트 라멘 한 봉지든 라멘을 만드는 사람들은 먹는 사람에게 기쁨을 주고 싶다는 바람으로 자그마한 행복을 그릇에 담는다. 눈에 보이지는 않지만 그 행복을 지탱해 주는 것이 바로 과학이다.

만드는 사람의 시선으로 해체하고 과학자의 관점에서 분석하면 라멘에 담긴 행복의 구조가 보이지 않을까? 이런 생각으로 이 책을 집필하게 되었다. 그러므로 이 책의 주제는 '왜 우리는 라멘을 먹으면 행복해질까?'라고 할 수 있겠다.

차례

1장

무엇이 라멘의 맛을 결정하는가?

사람들이 긴 줄을 서는 가게, 신자라고 불리는 열광적인 팬을 보유한 가게. 수많은 라멘 가게 중에서 사람들을 강렬하게 매혹시키는 곳이 생기는 이유는 무엇일까? 아니, 애초에 라멘의 매력은 무엇일까? 그 수수께끼를 풀기 위해 화제의 가게, 최고의 맛집을 찾아가 그 맛을 몸소 느껴 보았다. 그리고 미각 연구 권위자의 이야기도 들어 보았다. 라멘의 매력을 과학적으로 해부하는 여행의 끝에서 발견한 감칠맛의 정체는 과연 무엇일까? 흥미진진한 라멘 탐구가 이제부터 시작된다.

라멘에도 계열이 있다?

솔직히 나는 그동안 라멘을 먹으면서 맛있다고 감탄한 적도, 그런 생각을 해 본 적도 없었다. 하지만 상당히 오래전, 그러니까 20년도 전에 라멘에 빠진 회사 동료가 있었다. 그는 내가 물어보지도 않았는데 "그 점포는 가계家系를 이었다더라, 구마모토산 돈코츠豚骨, 돼지 뼈와 마유麻油, 마늘과 참깨를 함께 볶은 기름를 썼다더라, 제철의 니보시煮干し, 마른 멸치계 더블 육수(육류와 해산물처럼 2종류의 맛국물을 배합한 육수. 흔히 'W 육수계'라고도 한다—옮긴이)를 사용한다더라" 하면서 이러쿵저러쿵 설명해 주었다.

'계라고?'

라멘에 어떤 계열이 있나? 태양계 정도나 되어야 '○○계'라고 할 수 있는 것 아닌가? 라멘에 무슨 '계' 자를 붙이지? 그에게 장단을 맞춰 주려고 당시 집 근처에 있는 라멘 가게 이름을 알려 줬더니 "흥!" 코웃음을 쳤다.

"그런 건 라멘이 아니야."

그런 거? 라멘이 라멘이지, 뭐가 달라!

그래서 나는 지금도 라멘 마니아에게 반감이 있다. 누군가가 이들에게 어디 라멘이 맛있다고 말하면 여전히 "흥!" 하고 코웃음을 칠 테지.

현재 라멘 업계의 상황은 어떤가? 조금만 조사해도 '○○계' 라멘이 수두룩함을 알 수 있다. 대표적으로 요코하마의 요시무라 집안이 효시인 가계, 미타에 위치한 가게 '라멘지로' 본점에서 파생된 지로계, 돈코츠와 교카이魚介, 해산물 맛국물dashi, 다시을 섞어 주는 더블 육수의 아오바青葉계, 츠케멘의 발상인 다이쇼켄大勝軒계, 달고 진한 맛의 멘야무사시麵屋武蔵계, 계열 내 제자들이 가게를 열거나 존경하는 라멘 가게를 흉내 내는 '인스파이어inspire'계가 있다. 그리고 최신 유행을 도입한 프랜차이즈 방식이나 법인 그룹을 만들어 다수의 브랜드를 선보이는 등 하나로 묶어 정리하기 힘들 정도로 복잡하고 다양한 계열이 존재한다.

또한 맛이나 만드는 방법에 따라 나뉘는 계열도 있다. 예를 들어 국물 종류로 나눌 때는 토리파이탄鶏白湯, 닭고기계, 세아부라背脂, 돼지비계계, 니보니보にぼにぼ, 멸치계, 후시節, 생선계, 규코츠牛骨, 소뼈계 등이 있는데 이것도 수많은 계열 중 극히 일부에 지나지 않는다.

세상에는 '○○계' 라멘이 넘쳐 난다. '계'만으로는 구분하기 어려워서 '류'까지 붙이기도 한다. 우리 집 근처의 라멘 가게 간판에도 '△△류'라고 적혀 있는데 꼭 무슨 시대극 제목 같다.

중독자를 낳는 라멘 가게

건물 입구에 사람들이 U자 모양으로 길게 줄을 서 있다. 아이와 함께 기다리는 사람도 있고 젊은 사람, 커플, 중년 부부도 있다. 40명이 넘는 사람들이 모두 군말 없이 줄을 서 있다. 현재 시각 오전 9시 20분, 그런데 가게 오픈은 11시다.

나는 줄을 선 사람들에게 묻고 싶었다.

'저기요? 고작 라멘이잖아요?'

그러면서 나 또한 줄에 합류했다. 친구의 추천으로 이 라멘 가게를 방문한 참이었다. 그 친구는 나보다 한참 전에 도착해 줄을 서 있었다. 대기 줄이 U자였기 때문에 줄이 줄어드는 동안 종종 스쳐 지날 수 있었고 그때마다 몇 마디 말을 나눌 수 있었다.

"엄청난 줄인데? 예상은 했지만 그 이상으로 긴 줄이야."

"내가 아는 곳 중에서 이 가게가 종교색이 가장 짙어."

"종교라고?"

"먹고 나면 몸이 아픈데도 또 먹고 싶어. 과히 신자가 되었다고 할 수 있지."

"라멘의 신자라니…… 게다가 먹고 나면 아프다고? 무슨 의미야?"

"엄청 짜거든."

"맛이 진하다는 뜻이야? '카에시(간장을 이르는 라멘 마니아 용어)'를 콸콸 넣었다면 그건 단순히 진하다고 말할 수 있는 차원이 아니잖아."

"먹고 나면 장 활동이 활발해지거든. 염분을 배출하려고 말이야."

"대체 뭐야? 지금 라멘에 대해서 이야기하는 거 맞지?"

"맛이 너무 진해서 솔직히 뭘 먹고 있는지 모를 때도 있어."

"그런데도 먹는 거야? 왜?"

"우리는 신자니까. 중독되었다고 할 수 있지."

'네놈들, 짠맛 좀 보아라. 소금이 떨어졌다며 다른 것으로라도 어떻게든 짠맛을 보여 주지'라는 심산인가?

"매일같이 맛이 진화하기 때문에 신자라면 계절마다 한 번은 만난다는 마음가짐으로 이 라멘을 좇고 있어. 그런데 장사가 너무 잘되니까 주인이 지쳐서 그러는지, 3년 정도에 한 번씩 가게를 옮기고 숨어 버려."

예전에는 이 가게가 빌딩 뒤편 창고에 있었다고 한다. 어쨌든 지금은 가게라고 부를 만한 곳이 되었으니까.

"항상 새로운 발견을 할 수 있어. 그 신념과 용기를 느낄 수 있다고나 할까?"

"진격하는 존재구나?"

내가 알고 있는 라멘과는 다르다. 나는 라멘을 '같은 장소에서 같은 맛으로 몇 십 년간' 사 먹을 수 있는, 한결같은 존재로 알고 있었다. 여름에는 차가운 중화풍 라멘, 겨울에는 따끈한 미소 라멘이 생각나는 것처럼 말이다.

돈코츠 라멘은 돼지 뼈를 팔팔 끓여서 뿌옇게 만든 국물을 쓴다. 도쿄풍이라면 맑은 국물이 되도록 약한 불에서 끓인다. 차슈(간장으로 삶은 돼지고기. 라멘의 고명으로 쓰인다—옮긴이)를 끓인 육수는 양념이나 국물로도 활용한다. 어쨌든 맛의 방향이 정해지면 기본적인 국물은 변하지 않는다. 돈코츠 라멘 가게의 기본 메뉴는 어디까지나 돈코츠 라멘이다. 미소 라멘이나 쇼유(간장) 라멘은 부차적인 메뉴일 뿐이다.

하지만 이 가게는 다르다. 국물이 새로워지기 때문이다.

"전에는 메뉴에 불가사리 라멘이 있었어."

"불가사리?"

"목이 따끔따끔했지."

"그건 좀…… 먹을 수 있는 거야?"

"사포닌인지 뭔지가 들어 있어서 목 건강에 좋다는데…… 맛은 없었어."

일반적으로 국물을 낼 때 돼지 뼈, 닭 뼈, 다시마, 가쓰오부시(가다랑어포)를 기본으로 사용하고 조개를 더하기도 한다. 이 정도만으로도 맛있는 라멘을 만들 수 있지만, 이 가게는 신자를 위해 구태여 대량의 카에시를 투입한다. 당연히 엄청나게 짜다.

"일종의 수행이지."

수행? 라멘으로 수행을 한다고? 이 가게의 라멘이 유독 짠 이유는 그것이 주인의 아버지가 만든 라멘 맛이기 때문이란다. 맛이 있느냐 없느냐 여부를 떠나서 추억의 맛인 것이다. 신자들은 그 맛을 간접 체험하는 것이고.

"오늘은 스페셜 라멘!"

휴일 한정으로 판매하는 스페셜 라멘은 살짝 말이 안 되는 재료로 진하게 우린 국물을 사용한다. 이 국물은 원가를 따지면 적자일 듯하다. 친구와 내가 기다리는 라멘은 공식 블로그에 이렇게 소개되어 있다.

무려 18킬로그램의 대합! 다시마도 3킬로그램!
일요일에 딱 좋은 초호화 국물 요리!

대합이 18킬로그램이나? 다시마도 3킬로그램? 블로그에는 지금까지 만들었던 스페셜 라멘의 재료가 소개되어 있었다. 갯장어, 게, 소라, 자라, 토마토, 호박(응? 호박이라고?) 등이었다. 도대체 무엇을 만들어 온 것인지 싶다가 퍼뜩 라멘임을 깨닫는다. 보통 라멘에 갯장어도 넣나?

"줄 선 지 2시간 20분째야."

뒤에 선 사람이 전화 통화하는 소리가 들렸다. 여기는 라멘 마니아들을 위한 디즈니랜드다.

드디어 한 그릇 '영접'

11시가 훌쩍 지나서야 드디어 내 차례가 됐다. 마침 먼저 들어갔던 친구가 가게에서 나왔다.

"어이, 괜찮은 거야?"

어쩐지 조금 진이 빠진 모양새다.

"아, 괜찮아. 염분이 엄청났어."

결국 수행했군.

"아, 맞다! 면의 양은 대大가 2배고, 특대特大가 3배야."

"아냐, 보통이면 돼. 그렇게 많이 먹지도 못해. 그건 그렇고 맛은 어땠어? 맛있었어?"

"신자가 아닌 사람은 어떨지 모르겠네. 우리 신자는 아무래도 평가가 후하니까. 신자로서는 맛있다는 말밖에는……."

흠, 이래서는 무슨 맛인지 짐작할 수 없다.

조심스럽게 가게에 들어갔다. 아담한 카운터 너머로 노부부가 열심히 일하고 있었다. 가게 주인은 웃는 얼굴로 손님에게 "특대가 나오면 국물이 모자를 거예요"라고 알려 주며 쉼 없이 손을 움직이고 있었다. 마음이 매우 편해졌다.

예전에 소신이 강한 주인이 운영하는 라멘 가게에 간 적이 있는데, 그 주인이 먹는 방법에 대해서까지 이러쿵저러쿵 참견해서 몹시 불쾌했다. 왜 돈을 내고 기분이 상해야 하는지……. 대기 줄이 끊기지 않는 가게의 주인은 인품부터 다른 것 같다고 생각했다.

그 순간, 드디어 '영접着丼'!

라멘을 좋아하는 사람들, 일명 라멘 오타쿠는 주문한 라멘이 자기 앞에 놓이는 것을 '영접'이라고 부른다.

라멘 오타쿠 용어 상식

라멘을 좋아하는 사람들이 모인 사이트나 음식 블로그 댓글에서 처음 '영접'이라는 단어를 봤을 때에는 머릿속에 물음표가 떠올랐지만 익숙해지니 금세 이해됐다. 역시 말이란 필요하면 만들어지고 정착되나 보다.

이외에도 라멘 오타쿠들의 용어가 많은데 예를 들면 이렇다. 하루나 며칠 사이에 라멘을 연달아 몇 끼씩 먹는 것을 '연식', 가게가 문을 열기 전에 줄 서는 것을 '대기 탄다', 가게 앞에서 기다리는 것을 '접속'이라고 한다. 흔히 요리를 다룬 TV 프로그램에서 음식을 남기지 않고 그릇을 싹 비우는 것을 '완식'이라고 하는데, 마찬가지로 라멘은 '완멘'이라고 한다. 그리고 국물에 흠뻑 적셔서 면을 빨아들이는 것을 '국물 들어 올리기 좋다'라고 표현한다.

이런 용어들을 활용하면 이렇다.

"오랜만에 연차를 내고 도쿄로 원정을 갔어. '트라이TRY 라멘 대상 신인상'을 받은 A가게와 B가게에 들러 연식했지. 그리고 문제의 C가게에 도착했어. 이미 10명이 대기 타고 있더라고. 당황해서 바로 접속했지. 첫 번째 턴에 들어가지 못해서 아쉬웠어. 무인 발권기에 추천 태그가 붙은 튀김 쇼유 소바에 아지타마(양념간장 소스에 재운 삶은 달걀—옮긴이)를 고명으로 선택했어. 화려한 가게 인테리어를 둘러보다가 8분 만에 영접했지. 일본산 밀을 이용해 가게에서 직접 만든 중간 굵기의 면으로, 닭을 통째로 사용한 국물을 들어 올려 먹으니 '맥스MAX'로 맛있더라. 국물까지 싹 다 완멘했지. 결국 다음 달에도 연차를 내고 재방문하기로 결심했어."

보통 맛집 탐방 후기가 이런 식으로 작성된다. 유감스럽게도 웬만큼 맛있지 않으면 맥스로 맛있다는 평가는 나오지 않는다. 어느 정도 규모를 갖춘 집단에서 은어나 전문 용어를 사용하는 것은 당연하다. 그러므로 라멘 오타쿠들의 용어에 대해 왈가왈부할 생각은 없다.

섬세하게 스며드는 맛

고기가 그릇에 넘칠 듯 푸짐하게 담겨 있다. 갈색 국물은 그릇 안이 보이지 않을 정도로 진하다. 그야말로 많은 재료가 녹아 있는 듯하다. 국물을 한 번 떠먹고 손이 멈췄다. 이건 뭐지? 보기와는 맛이 전혀 다르다. 더 단순한 맛일 거라고 생각했는데 전혀 아니었다. 맛이 스르르 몸에 스며든다. 조개를 우린 맛국물을 쓰기 때문일까? 농후하고 깊은 조개의 맛이 느껴진다.

조개 국물이라고 해도, 바지락 된장국이나 대합을 넣은 채소수프 정도 경험밖에 없다. 이렇게 진한 조개 맛은 처음이었다. 굳이 비유하자면, 조개 스파게티 그릇에 남은 국물 맛이라고나 할까? 짜고 기름진 조개 맛에 돼지 뼈 국물 맛이 더해졌다. 처음 경험하는 농후한 맛이다.

정말 맛있다.

분명 더 맑은 맛도 가능했으리라. 하지만 이것은 라멘이다. 얼추 소금 간이 되어 있는데 이것이 유일무이한 라멘을 만들어 냈다. "여생을 조용히 보내고 싶소"라는 가게 주인의 부탁으로 여기서 가게 이름은 소개하지 않는다.

밤하늘의 별처럼 많은 라멘 맛집

라멘이 맛있는 이유는 뭘까? 라멘 가게는 밤하늘의 별처럼 많다. 너무 많아서 가이드가 없으면 어느 곳에 가야 할지 모를 정도다.

도쿄에 있는 라멘 가게를 고를 때 '트라이 라멘 대상'이라는 라멘 콘테스트 수상 경력이 기준이 될 수 있다. '트라이'는 '도쿄 라멘 오브 더 이어Tokyo Ramen of the Year'의 앞 글자를 땄다. 이 콘테스트는 정보지 《도쿄★1주간》 주최로 2000년부터 시작했는데 현재는 1년에 한 번, 이 콘테스트의 잡지가 따로 발간되고 있다.

트라이상은 일반 공모가 아닌 8명의 심사 위원이 직접 라멘 가게를 방문한 뒤 1위는 10점, 2위는 9점, 3위는 8점…… 10위는 1점으로 점수를 매긴다. 수상 분야는 쇼유, 시오(소금), 미소, 돈코츠, 믹스MIX, 츠케멘, 시루나시(국물 없음), 토리파이탄 등 종류별 신인상, 장르 불문 인기상, 종합 순위를 매기는 트라이 대상으로 나뉜다.

심사 위원은 TV에도 자주 출연하는 이시가미 히데유키石神秀人나 오사키 히로시大崎裕史 등 라멘 평론가로 알려진 사람들과 2000곳의 라멘 가게를 취재한 이시야마 하야토石山勇人나 'TV 챔피언 라멘왕 선수권 대회'에서 우승한 아오키 마코토青木誠 등이 맡고 있다. 나는 라멘 업계가 대단하다는 것을 하야토 씨가 취재한 가게의 수로 알 수 있었다. 자릿수부터 다른 세계다.

오사키 히로시는 라멘 마니아를 위한 전국 라멘 가게 정보 사이트 '라멘 데이터베이스'를 운영한다. 그는 1만 1000곳이 넘는 가게를 방문했고 그가 먹은 라멘은 2만 3000그릇에 달하니 일반인은 따라갈 수가 없다.

솔직히 수십 곳 정도만 방문한 내가 입에 올릴 수 있는 세계가 아니다. 내 커리어나 역량 정도로는 라멘 비평 분야에서 감히 명함도 내밀지 못한다. 하지만 라멘을 과학적으로 분석해 보기로 한 이상 나는 라멘이라는 친숙하면서도 매우 광대하고 깊은 세계를 어떻게든 헤치고 들어갈 수밖에 없다.

2017~2018년 트라이상을 받은 가게는 218곳이다. 심사 위원들은 가게를 선별하기 위해서 최소한 2배가 넘는 수의 가게에서 라멘을 먹었을 것이다. 음식점 정보 사이트 '타베로그'는 '도쿄 라멘 맛집 100' 리스트를 발표한다. 사이트를 운영하는 모회사인 '카카쿠코무'의 발표에 따르면 타베로그에 등록된 라멘 가게 수는 일본 전국에 약 5만 개라고 한다. 그중 도쿄에 몇 곳이나 있는지 정확히 알 수는 없지만 인구 비례로 미루어 봤을 때 5000~6000개 정도일 것이다. 그중에서 100곳을 꼽는다.

타베로그는 일반인이 맛 후기를 사이트에 올릴 수 있다는 게 특징인데 이때 가게를 5단계로 평가할 수 있다. 후기 개수와 평가 점수의 평균치로 순위를 매기는데, 오픈한 지 1년 미만인 가게는 달린 후기 개수가 적을 수밖에 없기 때문에 이 점도 감안한다. 이렇게 1위부터 100위까지 고른다.

트라이상과 달리 '도쿄 라멘 맛집 100' 선정은 다수의 손님이 참여한다. 그래서 트라이상 수상과 '맛집 100'에 함께 이름을 올리는 가게는 많지 않다. 게다가 라멘 마니아가 이용하는 사이트인 '라멘 데이터베이스'에서도 순위를 발표하는데, '맛집 100'과 트라이상의 가게와 많이 겹치지 않는다. 뿐만 아니라 여러 TV 프로그램이나 잡지에서 라멘 랭킹과 특집 기사를 다루고 있다.

음식점에 별점을 매기는 것으로 유명한 미슐랭 가이드에도 라멘 가게가 게재되어 있다. 2016년에 'Japanese Soba Noodles 쓰타蔦', 2017년에 '나키류鳴龍'가 각각 별 1개를 받아 화제가 되었다. 미슐랭 가이드를 펼쳐 보거나 미슐랭 사이트를 방문해 보면 알 수 있겠지만 가이드에 소개된 가게들은 말도 안 되는 고급 레스토랑뿐이다. 상류층만 이용할 것 같은 음식점들과 함께 일개 라멘 가게가 들어갔으니 쾌거라 할 수 있다.

미슐랭 별이 붙지는 않지만 5000엔 이하라는 비교적 저렴한 가격에 양질의 맛집을 추천하는 랭킹 '비부구루만'에 이름을 올린 가게를 선택하는 것도 좋다. 2017년도 비부구루만에 선정된 도쿄 지역의 라멘 가게는 27곳이다. 각 랭킹의 상위에 위치한 가게를 방문하는 것만으로도 가슴 벅찬 일이다.

맛있는 라멘=감칠맛?

라멘의 장단점을 이해하려면 원대한 탐방이 필요한데, 못할 것도 없지만 선뜻 엄두가 나지 않았다. 참신성, 세련됨 등 평가 기준은 사람마다 다양하겠으나 음식인 이상 가장 중요한 기준은 역시 맛일 테다. 그렇다면 맛있는 라멘이란 도대체 무엇일까?

라멘 국물에는 다양한 재료가 사용된다. 육류인 돼지 뼈, 닭 뼈, 최근에는 소뼈를 사용하는 가게도 있다. 가쓰오부시나 마른 멸치도 기본 재료 중 하나다. 그런데 사람들이 줄 서서 먹는 스페셜 라멘의 맛에 의문이 생겼다. 가쓰오부시, 마른 멸치, 다시마, 돼지 뼈, 닭 뼈, 채소가 사용된 기본 국물에 엄청난 양의 아마구리(일본식 단밤)를 더했다. 언뜻 맛이 엉망진창이 될 것 같지만 실제로는 엄청나게 맛있었다.

그렇다면 재료의 양이 많을수록, 재료의 종류가 풍부할수록 국물이 맛있어지는 걸까? 라멘 국물은 재료를 우린 맛국물로 만들고 그 바탕에는 감칠맛이 있다. 국물 맛의 뼈대는 감칠맛이 결정하는 것이다. 그렇다면 감칠맛이란 도대체 무엇일까?

감칠맛의 정체

'비영리 법인 단체 우마미인포메이션센터'는 기본 맛 중 하나인 감칠맛うま味, UMAMI, 우마미을 올바르게 알리는 데 힘쓰는 단체다. 내가 사무국 건물을 방문했을 때 맞아 준 사람은 이곳의 이사이자 농학 박사인 니노미야 구미코二宮くみ子 씨였다. 나중에 소개할 라멘과 건강의 상관관계를 조사할 때 도움을 받았던 도쿄대학교의 가토 교수는 그를 두고 "감칠맛 분야에서 세계 제일"이라고 평가했다.

"감칠맛에 대해 잘 알면 무엇이 좋을까요? 감칠맛을 능숙하게 다룰 줄 알면 염분 섭취량을 줄일 수 있습니다. 염분이 적어도 맛있게 먹을 수 있고, 동물성 지방이나 소금, 간장 같은 조미료를 적게 사용하면서 맛있게 요리할 수 있지요."

염분의 과다 섭취가 사회문제가 되고 있는 요즘 상황에서 건강을 지향하는 사람이나 질병이 있는 사람에게는 기쁜 소식이 아닐 수 없다. 감칠맛이 풍부한 식사로 염분 섭취량을 줄일 수 있으니까.

감칠맛을 느끼는 것은 혀다. 혀에는 글루탐산 같은 감칠맛 성분을 느끼는 수용체가 있다. 이 수용체에 감칠맛 성분이 닿으면 뇌로 신호가 보내지고 감칠맛을 느끼게 된다. 감칠맛을 느끼면 침이나 위의 점막이 생성되는 등 소화 준비를 시작한다.

"혀가 감칠맛을 느끼면 침이 나오는데 그 침은 신 음식을 먹었을 때 나오는 침과는 다릅니다."

침은 2종류가 있다. 묽고 줄줄 흐르는 장액성 침과 끈적끈적한 점액성 침이다. 레몬을 먹었을 때 나오는 것은 장액성 침이다. 감칠맛에 반응하여 분비되는 것이 점액성 침이다. 참마처럼 찰기가 있는 성분인 무틴mutin을 함유하고 있다.

"감칠맛 성분은 다른 맛 성분들보다 혀의 수용체에 달라붙어 있는 시간이 깁니다. 지속성이 상당한 맛이죠. 라멘을 먹고 나면 혀에 맛이 남아 있지 않나요? 그게 바로 감칠맛이에요. 맛이 지속되는 동안 계속 침이 나옵니다. 그 침이 입안이 건조해지는 걸 막아주죠."

감칠맛이 이끌어 내는 침은 고령자의 미각 장애를 개선하기도 한다. 미각 장애의 원인은 뇌의 장애, 내장의 부조화, 치주 질환, 구강 점막 질환 등이 있는데 그중 하나가 구강 건조증이다. 침이 적게 분비되어 입안이 건조해지고 맛을 알지 못하게 되는 질병이다.

도호쿠대학교 대학원 치학연구과의 사사노 다카시笹野高嗣 교수는 맛과 침의 분비 관계에 대해 연구했다. 인간의 미각은 단맛, 짠맛, 쓴맛, 신맛, 감칠맛, 이렇게 5종류가 있다. 그중 단맛, 짠맛, 쓴맛의 3가지 미각에는 침 분비량이 그다지 늘지 않는다. 그러나 신맛과 감칠맛은 다르다. 레몬과 같이 신 음식을 먹었을 때에는 입안에 침이 확 고인다. 하지만 그 분비량은 급속도로 줄고 15분 정도 지나면 입안은 원상태로 돌아간다.

감칠맛이 있는 음식을 먹었을 때에도 신맛과 마찬가지로 대량의 침이 나온다. 그 양은 신맛일 때와 거의 비슷하지만 이후 분비량은 더 상승하다가 줄어든다. 입안이 원상태로 돌아가는 데에 약 22분이 걸린다. 감칠맛은 대량의 침을 장시간 분비시킨다. 그러므로 구강 건조증을 개선하는 데 효과가 있다. 실제로 사사노 다카시 교수는 구강 건조증 환자에게 다시마를 우린 차를 수시로 마시도록 했는데 환자들의 병세가 나아졌다. 이때 유의할 점은 염분을 과하게 섭취할 수 있기 때문에 차를 매우 연하게 우려야 한다는 점이다.

"감칠맛 음식을 통해 약을 쓰지 않고도 구강 건조증과 미각 장애를 개선할 수 있습니다. 저는 이런 감칠맛의 효능을 일본뿐만 아니라 해외에도 널리 알려 사람들이 건강한 식생활을 할 수 있도록 돕고 있습니다."

맛을 배가시키는 감칠맛의 메커니즘

맛있는 음식을 먹으면 침이 나온다. 그 침은 감칠맛에 기인한 것이다. 이는 '감칠맛이 강한 음식=맛있다'라는 의미일까?

"감칠맛이 강하다고 무조건 좋은 것은 아닙니다. 너무 강하면 불쾌해지죠. 뒷맛이 계속 남아 있으면 기분이 나빠지거든요."

니노미야 씨는 맛의 밸런스가 중요하다고 말했다.

"다시 한 번 그곳에서 라멘을 먹고 싶다는 마음이 들게 만들려면 밸런스가 관건입니다. 밸런스 조절에 실패해서, 다 먹고 난 후 입안에 감칠맛이 남아 있으면 이제 더 안 먹어도 되겠다는 마음이 들기 때문이죠."

대표적인 감칠맛 성분은 글루탐산이다. 이것은 단백질을 구성하는 아미노산의 일종으로 다시마 등에 함유되어 있다. 모든 화학조미료(일본에서는 우마미 조미료, 감칠맛 조미료라고 부른다—옮긴이)는 글루탐산이 주성분이다.

가쓰오부시에 함유된 것은 이노신산inosinic acid인데, DNA 따위를 만드는 핵산의 일종이다. 도축한 고기의 근육 경직을 풀어 준 '숙성육'은 갓 도축했을 때보다 감칠맛 성분이 늘어나서 더 맛있다.

"고기는 숙성 과정에서 근육을 움직이는 연료인 ATP가 이노신산으로 바뀌고 아미노산 계열인 글루탐산이 증가합니다."

해외로 퍼져 나가는 새로운 미각

감칠맛이 국제적으로 인정된 것은 2000년의 일이다. 마이애미대학교의 니루파 초드하리Nirupa Chaudhari 교수 연구 팀이 미각 세포에 있는 글루탐산 수용체를 발견한 덕분이다. 이렇게 '우마미'는 다섯 번째 미각, 즉 제5의 맛으로 세계에 널리 알려지게 되었다. 이 발견 이전까지는 감칠맛을 단맛의 일종 정도로 여겼었다.

'우마미'라는 명칭은 1908년에 만들어졌다. 다시마에서 글루탐산나트륨을 추출한 도쿄제국대학교의 이케다 기쿠나池田菊苗 박사가 '우마이旨い, 맛있다'와 '미味, 맛'를 조합해 지은 것이다. 1913년에는 이케다 박사의 제자인 고다마 신타로小玉新太郎 박사가 이노신산을 발견했고, 1953년에는 야마사 간장 연구소의 구니나카 아키라國中明 씨가 구아닐산도 감칠맛 성분이라는 사실과 감칠맛의 상승 효과를 발견했다.

감칠맛 연구는 단연 일본인이 두각을 나타내고 있다. 21세기 전까지 감칠맛에 주목했던 사람은 일본인뿐이었다고 말할 수 있다. 외국인은 감칠맛을 모르는 걸까?

"인간은 모두 매한가지라 감칠맛을 느낄 수 있습니다. 모두 감칠맛의 수용체를 가지고 있지요. 하지만 그 맛을 표현할 만한 말이 없기 때문에 모르는 거죠. 자각하지 못하는 사람이 많아요."

오늘날 외국의 라멘 가게에도 긴 대기 줄이 생긴다. 그런데 유럽인이나 미국인이 감칠맛을 모를 리가 없다. 하지만 번역이 불가능하기 때문에 'UMAMI'라고 표기하는 것이다. 그렇다면 어떻게 일본인은 '우마미'라는 단어를 만들 수 있었을까?

"일상생활에서 일본만큼 감칠맛을 맛볼 수 있는 식사가 많은 곳은 없어요. 일본의 맛국물은 감칠맛 자체라고 할 수 있지요. 서양요리의 기본 재료인 수프스톡은 고기와 채소를 장시간 푹 끓여서 만들잖아요? 고기나 채소에서 우러나온 다양한 아미노산이 감칠맛을 더해 주고 더 복잡한 맛을 만들어 줍니다."

하지만 '아미노산=감칠맛'이라고 착각하기 쉬운데 이는 잘못된 생각이다. 감칠맛 성분은 기본적으로 3가지다. 아미노산의 일종인 글루탐산, 핵산의 일종으로 가쓰오부시나 고기에 들어 있는 이노신산, 마찬가지로 핵산의 일종으로 마른 표고버섯에 들어 있는 구아닐산이다.

이 3가지 이외에 조개류에 들어 있는 아데닐산과 숙신산, 아스파라거스에 들어 있는 아스파라긴산 등이 있다.

"일본의 맛국물은 서양 요리의 수프스톡과 견주어 보면 매우 희귀한 것입니다. 예를 들어 일본의 다시마 맛국물에는 거의 글루탐산과 아스파라긴산밖에 들어 있지 않아요."

글루탐산은 자연계에 흔한 아미노산으로, 인간이 가장 쉽게 감칠맛을 느낄 수 있는 물질이다.

"가쓰오부시와 다시마로 우린 '이치반 맛국물'은 거기에 이노신산과 히스티딘이 가미되죠."

한편 수프를 만들 때 필요한 기본 국물인 치킨 부용bouillon이나 중화요리의 육수인 '샹탕上湯'에는 여러 종류의 아미노산이 상당히 풍부하게 들어 있다. 그래서 이 국물에는 단맛이 나는 아미노산과 쓴맛이 나는 아미노산이 복잡하게 어우러져 있다.

"일본의 맛국물은 심플하게 감칠맛 성분뿐이므로 일본인은 금방 알 수 있습니다. 하지만 다른 나라 사람은 심플한 감칠맛을 맛본 적이 없기 때문에 명확하게 알 수 없는 것입니다."

다시마나 가쓰오부시와 같이 감칠맛 특화 식재료는 세계에서도 찾아보기 힘들다.

다시마 맛국물

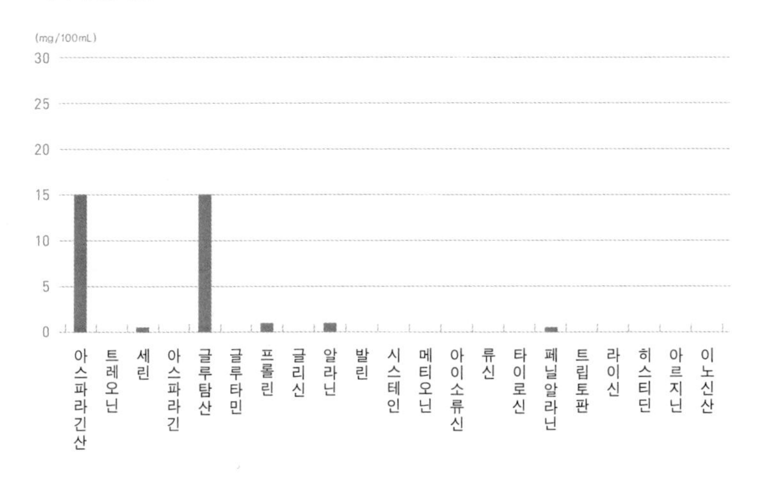

이치반(다시마+가쓰오부시) 맛국물

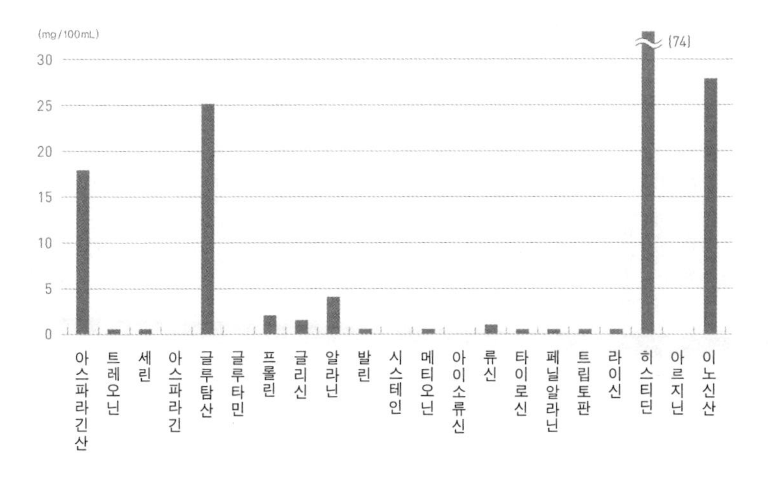

이치반 맛국물에는 가쓰오부시에 있는 히스티딘이라는 약한 산미를 가진 아미노산이 다량 함유되어 있다. (분석협력: 주식회사 아지노모토, 자료제공: 비영리 법인 우마미인포메이션센터)

치킨 부용

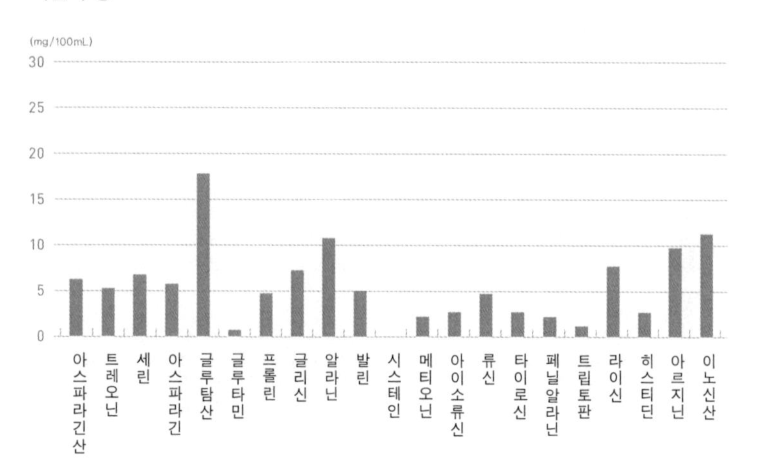

샹탕

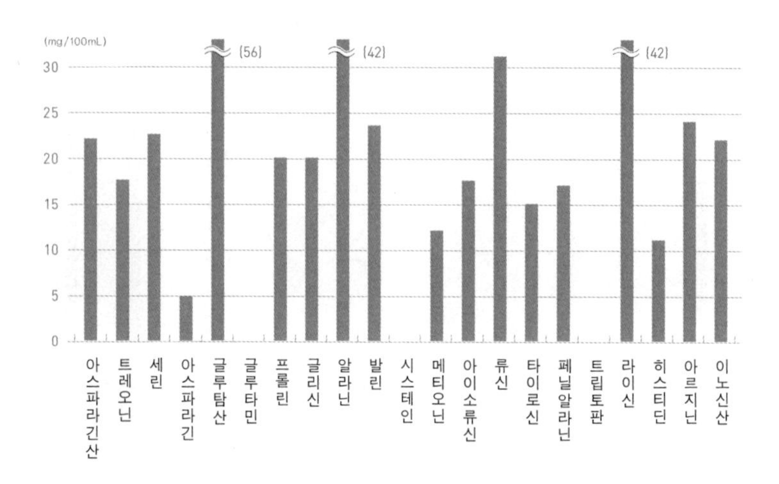

치킨 부용이나 샹탕이 상당한 양의 아미노산 조합인 데 비해 다시마 맛국물과 가쓰오부시 맛국물은 놀라울 정도로 심플하다. (자료 제공 : 비영리 법인 우마미인포메이션센터)

"여러 나라에 가 보았지만 맛국물을 이렇게 싱겁게 내는 나라가 없어요. 거기에 미소 된장과 간장이 첨가되면 복잡한 아미노산이 더해지는 것이지요."

일본에서 감칠맛 연구가 진행될 수 있었던 것은 다시마와 가쓰오부시 덕분이라고 할 수 있다.

"10년도 훨씬 전에 프랑스에서 그곳 셰프에게 맛국물을 마셔 보도록 권했습니다. 그러자 다시마 맛국물은 '비린내가 난다, 아무 맛도 안 난다'고 했으며, 마른 멸치 맛국물은 '생선 냄새가 난다'고 했습니다. 하지만 지금은 이렇게 말하는 사람이 줄었습니다. 일본 요리가 널리 알려졌기 때문이죠. 마른 멸치 맛국물로 만든 라멘 국물도 거부감 없이 먹게 되었습니다. 익숙해진 거예요."

이제 감칠맛은 전 세계의 일상이 된 듯하다.

감칠맛의 상승 효과

일본의 맛국물은 기본적으로 다시마와 가쓰오부시를 함께 사용한다. 왜냐하면 그래야 맛있어지기 때문이다.

"글루탐산을 단독으로 사용하는 것보다 이노신산과 조합하면 감칠맛이 7~8배 강해집니다."

7~8배의 감칠맛이라고 해도 확 와 닿지 않는다. 예를 들어 짠맛이라면 요리에 소금 1컵 대신 7~8컵을 넣는 셈이니 '그것 참 짜겠다' 하고 짐작이 쉬운데 말이다.

"일반인보다 후각이 뛰어나고 조향사처럼 맛에 민감한 사람들,

이런 훈련을 받은 사람들을 대상으로 관능검사를 실시했습니다. 여러 맛을 뒤섞었을 때와 단독으로 맛보았을 때 어떤 차이가 있는지 비교하도록 했습니다."

그랬더니 여러 맛을 뒤섞었을 때 감칠맛이 7~8배로 강해졌다는 것이다. 특히 글루탐산과 이노신산을 1대 1로 배합했을 때 감칠맛이 가장 강해졌다. 다시마나 가쓰오부시는 그 종류가 다양한데 감칠맛 성분의 함유량에 차이가 있을까?

"다시마는 종류에 따라 글루탐산의 함유량이 다릅니다. 가정에서 일반적으로 사용하는 히다카日高산 다시마는 글루탐산 함유량이 적습니다. 가게에서 일반적으로 사용하는 리시리利尻산 다시마나 라우스羅臼산 다시마는 글루탐산 함유량이 높습니다."

또한 똑같은 다시마라고 해도 맛국물을 내는 방법에 따라 감칠맛의 정도가 달라진다. 다시마에서 글루탐산을 최대로 추출하는 방법은 무엇일까?

"여러 명의 요리사와 의논한 결과 맛국물을 내는 방법에 따라 달라진다는 것을 알게 되었습니다."

즉, 가게마다 다양한 방법이 있으며 정답은 없다.

한 예로 교토의 요릿집에서 맛국물을 내는 방법을 소개하겠다. 그 가게는 딱딱해서 맛국물을 내기 어려운 리시리산 다시마를 사용하는데, 섭씨 60도에서 1시간을 가열하면 이상한 맛이나 미끈거림이 생기지 않는다.

"이것은 교토 지역 요리사들과 대학이 협력하여 연구하고 데이터를 모아서 완성한 방법입니다."

글루탐산과 이노신산의 배합비와 맛의 강도

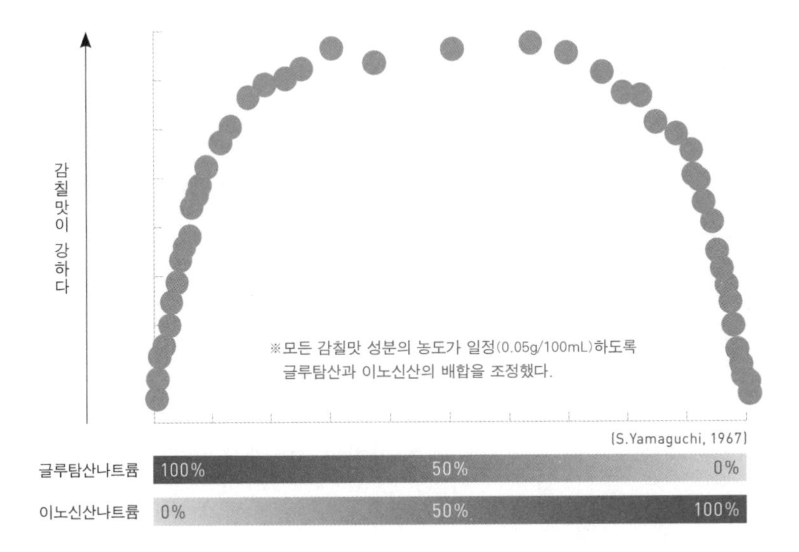

감칠맛에는 상승 효과가 있다. 글루탐산과 이노신산의 배합비가 1 대 1일 때 감칠맛이 제일 강했다. (자료제공: 비영리 법인 우마미인포메이션센터)

하지만 히다카산 다시마를 똑같은 방식으로 우리면 비린내가 나게 된다.

"끓이지 않고 물에 담가 두는 방법도 있습니다. 물에 다시마를 넣고 그대로 우리는 방식이죠. 어떤 다시마든 특유의 비린내를 없앨 수 있는 방법이에요."

더 맛있는 라멘을 위해

감칠맛은 상승 효과로 인해 더 강해지고, 맛국물을 내는 방법에 따라 추출 성분도 크게 달라진다. 그러나 최근에 나오는 라멘은 육류나 어류에 다시마라는 기본 재료를 더하고 여기에 조개, 생선가루, 심지어 오징어채처럼 특이한 재료까지 사용한다. 다양한 재료를 사용하면 더 맛있어질까?

"무엇보다 밸런스를 잡아 주지 않으면 안 됩니다. 저도 해외 조리사 양성 학교에 감칠맛 메뉴를 소개하고 있는데, 그곳에서는 감칠맛 재료와 치즈, 토마토 등을 한꺼번에 사용하곤 합니다. 하지만 너무 과하면 맛이 질어지지요. 짠맛이나 신맛으로 다른 맛과의 밸런스를 잡아 주지 않으면 안 됩니다. 향도 신경 써야 하고요."

서양 요리나 중화요리는 재료에서 모든 것을 추출한다는 특징이 있다. 뽑아낼 수 있는 것은 모두 뽑아내고 필요 없는 향은 허브로 커버하거나 거품을 없애듯 제거해 나간다. 이렇게 수프스톡을 만들면 그것은 더욱 농축해지고 진해진다. 이에 비해 일본 요리의 기본 맛국물은 서양 요리의 그것보다 훨씬 묽다. 재료에서 필요한 것만 추출하기 때문이다. 여기에 미소 된장이나 간장을 더해 아미노산을 늘려 간다.

"일식, 양식, 중식을 비교하면 일식의 수분량이 가장 많습니다. 요리의 80퍼센트 정도가 수분이니까요. 흰밥만 해도 60퍼센트 정도가 수분이지요."

중식은 70퍼센트, 프랑스 요리는 60퍼센트 수준이다. 수분이 많은 일식은 그만큼 감칠맛 확산이 용이하다.

"업소용 라멘 국물의 기본 육수素 같은 것이 있잖아요? 처음에는 파 향이 나는데, 그것을 냉장고에 넣고 식히면 기름 층이 생깁니다. 이 기름을 제거하면 서양 요리의 기본 육수인 부용이 되지요."

대부분의 향 성분이 기름에 녹기 때문에 이렇게 기본 육수에서 빠져나가는 것이다. 하지만 가쓰오부시나 다시마의 향 성분은 기름이 아닌 물에 녹는다.

"덕분에 라멘의 경우, 다른 일본 요리에는 없는 향 성분이 국물에 녹아 맛이 농후해지죠."

육류와 해산물로 맛국물을 따로 낸 뒤 함께 사용하는 W 육수계 가게가 늘고 있는데 그 이유가 바로 향 때문이다. 돼지 뼈와 같은 육류로 내는 맛국물은 서양 요리 방식으로 철저하게 푹 끓여서 재료로부터 맛국물을 뽑아낸다. 그러나 가쓰오부시나 다시마 등 일본식 재료는 '우려서' 맛국물을 낸다. 끓이면 향이 날아가기 때문이다. 그러므로 이 맛국물은 따로 만든다.

완성된 라멘에 닭기름이나 파기름 같은 향유를 두른다. 이는 국물에 향을 더하는 방법으로 효과적이다.

토마토로 완성하는 새로운 감칠맛

일본의 대표적인 감칠맛 식재료로 가쓰오부시, 다시마, 마른 멸치가 있다. 중화요리에서 사용하는 조개관자 같은 건어물도 이미 라멘에 활용되고 있다. 아직 알려지지 않은 또 다른 감칠맛 식재료는 없을까?

"일본 요리를 공부할 때 제일 먼저 맛국물 내는 법을 배웁니다. 그리고 일본 요리를 익힌 외국인 셰프가 적절하게 사용하는 재료가 드라이 토마토입니다."

드라이 토마토라고?

"토마토는 채소 중에서 글루탐산이 가장 많습니다. 말린 토마토를 이용해서 일본의 맛국물과 비슷한 감칠맛을 추출하는 셰프가 있습니다. 또한 포르치니 버섯이나 파르메산 치즈를 사용하기도 합니다. 생햄에도 감칠맛이 상당합니다."

장시간 숙성시킨 하드 타입 치즈는 단백질 분해가 진행되었기 때문에 아미노산, 그중에서도 글루탐산이 증가해 감칠맛이 강해진다.

"개별적으로 본다면 파르메산 치즈에 감칠맛 성분이 가장 많을지도 모릅니다. 파르메산 치즈로 맛국물을 낸 미국인 셰프가 있을 정도죠."

설명을 듣고 나서 찾아보니 토마토를 사용한 라멘이 의외로 많았다. 도쿄만 하더라도 신주쿠에 위치한 '레스토랑 하쿠류れすとらん白龍'의 '토마토 탕멘', 에비스에 위치한 '구십구라멘九十九ラーメン'의 '토마토 치즈 라멘' 등이 인기 메뉴였다. 2017~2018년 트라이 라멘 대상의 '국물 없는 맛집 부문'에서 1위를 차지한 '아지토이즘ajito ism'의 '피자 마제 소바'는 토마토와 채소 소스를 기본으로 하여 치즈가 듬뿍 더해지는데, 참을 수 없을 정도로 맛있다.

라멘에 토마토라니, 전혀 이상하지 않다. 감칠맛과 감칠맛, 미각과 미각의 행복한 만남인 것이다.

맛을 느끼려면 꼭꼭 씹어라

감칠맛이란 정확히 어떤 맛이냐는 질문에 새삼 답하려고 하면 말문이 막힌다. 다른 맛과 명백히 다르지만 평소에는 그다지 의식하지 않는 맛이기 때문이다. 우마미인포메이션센터에는 감칠맛을 체험해 볼 수 있는 키트가 마련되어 있어서 몇 가지 맛국물을 시음하고 비교해 볼 수 있다.

준비된 키트는 다음과 같다.

- 드라이 토마토
- 다시마 맛국물 농도 2%
- 채소 부용
- 채소 부용 + 감칠맛 조미료
- 가쓰오부시 맛국물 농도 3%
- 파르메산 치즈

"먼저 물을 조금 마셔서 입안을 헹군 후 드라이 토마토를 입에 머금어 주세요."

시키는 대로 한다.

"스무 번 정도 꼭꼭 씹어 주세요."

"토마토 씨의 맛까지 느껴집니다. 점점 단맛으로 변하는군요. 처음에는 신맛이 있었지만 점점 없어졌어요."

"토마토는 신맛, 단맛, 쓴맛으로 이루어져 있다는 것을 아셨을 거예요. 이제 맛이 거의 사라졌죠?"

"예, 사라졌습니다. 토마토를 삼켰거든요."

"무언가가 혀를 덮고 있는 느낌이 남지 않나요?"

"혀요? 예, 그런 느낌이 있습니다."

"그것이 바로 감칠맛입니다."

"이게요? 생각했던 것과는 전혀 다르네요. 이걸 맛이라고 할 수 있나요?"

"제가 말하지 않았다면 알아채지 못했겠죠?"

"맛이라고 해야 할지, 맛을 막아 주는 느낌이라고 해야 할지…… 이것이 감칠맛이라면 저는 감칠맛을 제대로 자각한 적이 없었네요."

"저는 이 체험을 세계적으로 실시하고 있어요. 이 과정을 체험하고 나면 외국인도 감칠맛을 깨닫게 됩니다. 이 감칠맛이 기본 5가지 맛 중 하나입니다. 그 점은 알고 계셨죠?"

"흠, 저는 감칠맛을 모르는 일본인이었습니다."

"혀 전체에 퍼진다는 특징, 다른 4가지 맛보다 길게 유지된다는 특징, 침을 생성시키는 특징이 다른 4가지 맛과의 차이입니다."

음식물은 씹히고 쪼개지고 갈린 후 침과 섞여 미각 세포를 자극

감칠맛 체험 키트. 다양한 재료를 맛보고 비교함으로써 감칠맛을 혀로 이해할 수 있다.

한다. 그러므로 구강 건조증을 가진 사람은 맛을 모르기 쉽다. 또한 꼭꼭 씹지 않고 삼키는 식습관을 가진 사람도 마찬가지다. 맛을 모르면 포만중추(식욕 또는 갈증이 충족되면 음식물에 대한 욕구가 없어지게 하는 중추 신경—옮긴이)를 만족시킬 수 없다. 빨리 먹는 사람이 살찌는 것, 혹은 살찐 사람 중에 빨리 먹는 습관이 많은 것은 포만중추가 만족되지 않아 과하게 먹기 때문이다.

"감칠맛을 아는 셰프는 감칠맛이 어느 정도 지속될지 예상하면서 맛을 냅니다. 하지만 이를 모르면 이런저런 맛을 더하면서 점점 맛을 망치게 되지요."

맛의 혼합이 완성한 상승 효과

"다시마 맛국물을 혀 전체에 퍼뜨리듯 해서 맛보세요."

"아, 나름대로 맛있네요."

"'다시마 2퍼센트' 맛국물은 상당히 과하게 우린 것입니다. 교토 요릿집은 이 농도의 다시마 맛국물을 사용하죠."

"입안에서 다시마 파티가 벌어졌어요."

"다음으로 다시마 맛국물에 가쓰오부시 맛국물을 반반 비율로 섞어 주세요."

이걸 마시라고? 그런데…….

"맛있어요."

"맛이 강해졌죠? 이것이 맛의 상승 효과입니다. 입안을 물로 헹구고 가쓰오부시 맛국물만 맛보아 주세요."

"……맛없어요. 시큼합니다. 가쓰오부시가 이렇게 시큼했습니까?"

"다시마 맛국물이나 가쓰오부시 맛국물은 맛이 연하고 약합니다. 하지만 두 맛이 합쳐지면 맛이 좋아지죠. 상승 효과 때문이에요."

"각각의 맛을 알고 나니까 어우러진 국물 맛이 확실히 7~8배는 좋아진 것 같아요."

"이렇게 직접 체험하지 않고 듣기만 해서는 맛에 대해 알 수 없죠."

"깊이 동감합니다."

감칠맛 조미료의 비밀

"감칠맛을 내는 화학조미료를 극도로 싫어하는 사람이 있는데 감칠맛 조미료와 천연 맛국물은 어떤 차이가 있나요?"

"똑같습니다."

"똑같다고요?"

"다시마 속의 글루탐산과 감칠맛 조미료의 글루탐산은 완전히 같은 것입니다."

"그야 그렇죠."

"다만 사용법이 어렵습니다. 요리에 감칠맛 조미료를 너무 많이 넣으면 뒷맛이 오래 남죠. 능숙하게 사용하면 균형 잡힌 훌륭한 맛을 낼 수 있습니다."

다시마 하나만 해도 산지나 부위에 따라 글루탐산의 함유량이 다르다. 엄밀하게 말하면 다시마는 자연의 산물이기 때문에 어제의 다시마와 오늘의 다시마가 완전히 똑같은 맛이라고 할 수 없다.

"그날그날 감칠맛이 연해지거나 진해집니다. 그것을 조정하기 위해 감칠맛 조미료를 사용하는 거죠. 감칠맛 조미료를 사용하면 '같은 라멘 가게인데 어제는 오늘보다 맛국물이 어딘가 부족했다' 같은 일은 일어나지 않습니다."

감칠맛 조미료는 어디까지나 맛을 조정하기 위해 사용하는 것이다.

"소금만으로 맛을 낼 수 없는 것과 마찬가지로 감칠맛 조미료만으로 맛을 내는 것은 불가능합니다."

그렇다면 감칠맛 조미료는 어느 정도로 감칠맛을 좌우할까? 우선 채소만으로 만든 서양 요리의 채소 부용을 마셔 보았다.

"이 채소 부용은 브로콜리, 양파, 당근, 파프리카, 셀러리, 버섯을 80도에서 20분간 끓인 것입니다. 저온인 데다 끓이는 시간도 짧기 때문에 글루탐산이 그다지 추출되지 않습니다. 염도도 0.3퍼센트로 상당히 낮죠."

묽기만 할뿐 단맛은 안 났다. 묘하게 짠맛이 났고 채소 맛도 제각각이어서 맛이 없었다.

"다음은 똑같은 채소 부용인데 감칠맛 조미료를 0.1퍼센트 첨가한 것입니다."

"맛이 전혀 다르군요!"

맛있었다. 겨우 0.1퍼센트만으로 맛이 이렇게 달라진다고?

"사용법 때문이죠. 감칠맛 조미료는 감칠맛을 채워 주는 것뿐만 아니라 제각각이었던 채소 맛의 균형을 잡아 주고 짠맛을 강조해 줍니다."

출산 후 7일이 경과한 산모의 모유 속 아미노산

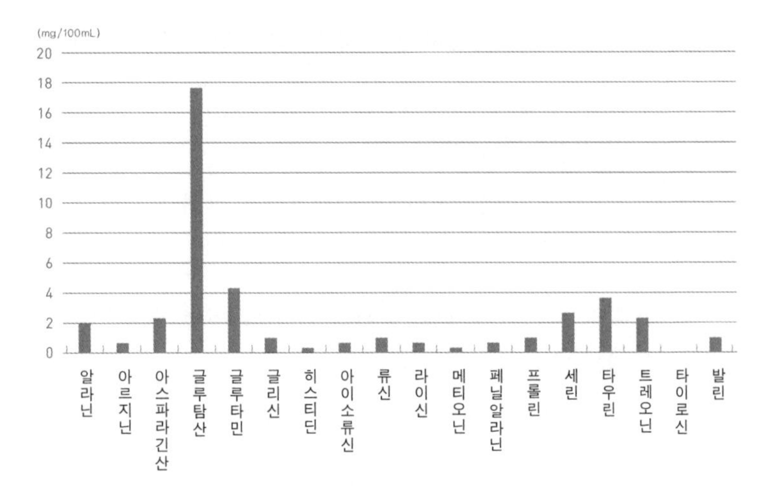

"확실히 맛이 명확해졌고 짠맛도 전체적으로 균형이 잡혔습니다. 이렇게 하면 본래의 맛국물 맛을 죽이지 않고 좋은 부분만 부각시킬 수 있겠어요."

"감칠맛은 향료나 증가제처럼 다른 맛을 강조하는 작용을 합니다."

감칠맛을 사용하면 염분 섭취를 줄일 수 있는 이유가 바로 이것이다. 일반적인 국물 요리의 염도는 0.9퍼센트 전후지만 라멘 국물은 1퍼센트가 넘는다. 그런데 감칠맛을 높이면 염분을 적게 쓰고도 짠맛을 낼 수 있다.

"저도 집에서 요리할 때 과립형 맛국물이나 감칠맛 조미료를 사용합니다. 하지만 마지막에는 가쓰오부시를 팩에 넣어서 함께 끓이다가 빼냅니다. 그러면 맛이 완전히 달라지죠. 인스턴트 재료를 사용한 맛이라고 할 수 없을 정도로요."

맛은 인간의 생존 비결

미소 된장이나 간장은 글루탐산 덩어리다. 이들의 원료가 되는 대두의 단백질 함량은 40퍼센트로 많은 글루탐산을 함유하고 있다. 대두를 발효하면 단백질이 분해되면서 글루탐산이 감칠맛으로서 드러난다.

"모유에 함유되어 있는 아미노산 중에서 글루탐산이 가장 많습니다."

글루탐산을 맛있다고 느끼는 것은 타고난 생리다. 갓난아이의 미각을 테스트해 보면 쓴맛이나 신맛은 거부하고 단맛 이상으로 감칠맛에 웃는다.

"음식물이 입으로 들어온다는 것은 사실 위험한 일입니다. 몸에 나쁜 음식이 들어올지도 모르니까요. 단맛은 에너지원이 되므로 살아가는 데 중요합니다. 신맛은 상한 음식일지 모르고, 쓴맛은 독일지 모릅니다. 그러므로 갓난아이는 신맛이나 쓴맛을 싫어하죠. 감칠맛은 단백질이 몸 안에 들어왔다는 신호입니다. 그래서 단맛과 감칠맛을 기분 좋게 받아들이는 거죠."

음식을 섭취한다는 것은 살아 있다는 의미다. 또한 맛있게 먹는 것은 살아가기 위해서 필요한 영양을 받아들이는 행위다. 그 바탕에 감칠맛이 있는 것이다.

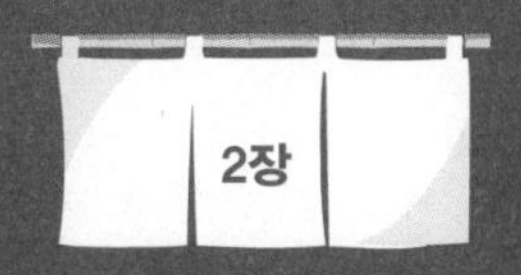

해장 라멘이 더 맛있는 이유

업무를 마치고 집으로 돌아가는 도중에 문득 눈에 들어온 이자카야의 붉은 등롱. '한 잔만 하고 갈까?' 가벼운 마음으로 들어가지만 가게를 나올 때는 거나하게 취하기 십상이다. 그때 머릿속에 떠오르는 것이 라멘이다. 몸에 안 좋다는 걸 알면서도, 다음 날 속이 더부룩할 걸 알면서도 도저히 참을 수 없다. 어째서 술에 취하면 라멘이 먹고 싶어지는 걸까? 피하기 어려운 생리 현상을 과학적으로 설명한다.

음주 뒤에는 반드시 라멘이 당긴다

술 마신 후에 마무리로 먹는 라멘은 끊을 수가 없다. 어째서일까? 살만 찌면 모르겠는데 명백하게 건강에도 안 좋다. 다음 날 오전까지 여파가 있어서 컨디션도 나빠진다. 먹고 나서 그대로 잠드는 행위는 건강에 좋지 않다는 것을 잘 알고 있다. 그럼에도 먹고 만다.

나는 신주쿠에서 한잔하는 경우가 많은데 가부키초와 신주쿠역 사이에 아주 맛있는 하카타 라멘 가게가 있기 때문이다. 그 가게는 어둠 속에서도 유독 하얗고 선명하게 눈에 들어온다. 포장마차처럼 투명한 비닐로 바람막이를 해 놓았는데 그 틈새로 진한 돈코츠 라멘 향이 새어 나오면 나도 모르게 시각을 확인하게 된다.

'막차까지 30분 남았고 역까지 가는 데 5분 걸리니까, 15분 안에만 먹으면 어떻게든 차를 탈 수 있겠다'고 생각한다. 게다가 '오늘은 술만 마시고 밥은 안 먹었으니까'라고 덧붙인다. 물론 거짓말이 아니다. 다만 안주로 닭고기 꼬치를 10개나 먹었으니 하루 칼로리 섭취량은 완료한 셈이다.

어째서 술 마신 후에는 라멘이 당길까? 도쿄대학교 농학생명과학연구과 가토 히사노리加藤久典 교수를 찾아가 물어보기로 했다. 그는 분자생물학을 이용해 단백질을 중심으로 한 영양 성분의 물질대사를 연구하는 데 탁월한 전문가다.

당 떨어지면 필요한 탄수화물

"알코올이 체내에서 분해될 때 그 과정에서 피루빈산pyruvic acid이 만들어집니다."

가토 교수는 자신이 술 전문가도, 라멘 전문가도 아니기 때문에 일반적인 이야기가 될 것이라고 단언하면서 당의 대사 사이클을 설명하기 시작했다.

"피루빈산으로부터 단당류의 하나인 포도당(글루코스)을 생성하는 과정이 간과 창자에서 이루어집니다. 이를 당신생gluconeogenesis이라고 하지요."

간과 창자는 피루빈산으로부터 당(글루코스)을 합성할 수 있다.

"혈당치가 내려가면 당신생이 일어납니다. 간과 창자가 포도당을 합성하여 혈당치가 내려가는 것을 막기 때문입니다."

피루빈산은 알코올의 분해 이외에 근육이 피로할 때 생성되는 물질인 락트산으로부터 만들어진다. 락트산이 간과 창자로 이동하면 피루빈산으로 바뀌는 것이다. 아미노산의 한 종류인 알라닌 또한 간과 창자에서 피루빈산으로 변하기 쉽다. 알라닌은 피루빈산에 암모니아 분자가 하나 붙어 있는 것뿐이기 때문이다. 이렇게 간과 창자는 피루빈산으로 당을 만들어 내어 혈당치를 높이고 안정시킨다.

술을 마시면 알코올은 체내에서 아세트알데히드와 이산화탄소로 분해된다. 그리고 조효소(생체의 산화와 환원 작용에 관여하여 에너지를 저장, 운반하는 물질—옮긴이)인 NAD(산화형 니코틴아미드 아데닌 디뉴클레오티드)는 환원되어 NADH(환원형 니코틴아미드 아데닌 디뉴클레오티드)로 바뀐다.

알코올 = 에탄올

↓

아세트알데히드 + NADH

↓

아세트산 + NADH

피루빈산은 NADH의 작용으로 락트산으로 바뀐다.

알코올이 아세트알데히드로 분해되는 과정에서 NADH가 대량으로 생성된다. NADH는 피루빈산을 락트산으로 바꿔 버리기 때문에 간과 창자에서는 당신생에 쓸 피루빈산이 부족해진다. 그 결과 혈당치가 내려간다.

"지금까지의 설명은 이해하기 어려울 거예요. 쉽게 말해, 술을 마시면 간과 창자의 에너지가 부족해지는 것입니다. 술을 마시면 당을 만드는 원료가 부족해져서 혈당이 떨어진다는 것이죠."

알코올을 분해하기 위한 에너지가 필요하기 때문에 술을 마시면 뭔가 먹고 싶어지는 거라고 생각했는데 그게 아니었다. 술을 마셨기 때문에 혈당치가 떨어지고, 저혈당 상태가 되었기 때문에 당이 필요해지는 것이다.

"그래서 단것이나 탄수화물을 먹고 싶어지는 거예요."

술을 마신 후에 라멘이 당기거나 많은 여성이 그러는 것처럼 아이스크림이 당기는 이유는 저혈당 상태가 되기 때문이다.

취하면 폭식하게 되는 까닭은?

술을 마신 뒤 마구잡이로 음식을 먹었던 경험이 있을 것이다. 다음날 아침이면 '왜 그렇게 과식을 했을까'라고 깊이 후회하면서도 술에 취하면 또 마구잡이로 먹는다. 집에 카레라이스라도 있으면 최악이다. 밥이 없어질 때까지 계속 먹게 되니까.

"이것은 2017년 7월에 《네이처》에 발표된 〈폭음이 과식을 일으키는 과정에 대한 해설〉이라는 논문에서 다룬 내용입니다."

술은 그 자체로 칼로리가 높은 음식이다. 보통 칼로리를 섭취하면 식욕 신호가 억제되어 배가 부르게 된다. 그러나 술을 마시면 어째서인지 식욕이 왕성해진다. 그 이유는 무엇일까?

"알코올이 뇌의 'AgRP agouti-related peptide'라는 신경에 작용해서 식욕이 강해진다고 합니다."

AgRP는 뇌의 섭식 회로 중 하나로 공복감을 점점 증가시킨다. 한 연구에서 실험 쥐에게 알코올을 주입했더니 AgRP가 활발해지면서 과식 행동을 보였다. 그리고 AgRP 활동이 진정되면 과식 행동도 진정되었다.

"쥐를 이용한 실험이지만 섭식 행동은 인간과 공통된 부분이 많습니다. 그러므로 결국 알코올의 작용은 인간에게도 마찬가지라고 할 수 있습니다."

술을 마시면 식욕이 폭주하는 이유는 뇌의 문제였던 것이다.

라멘은 탁월한 탄수화물 보급원

술 마신 후 라멘이 그렇게나 맛있었던 이유는 저혈당 상태와 뇌의 과식 스위치가 세트로 작용했기 때문이다. 만약 저혈당 상태의 원인인 NADH가 피루빈산과 작용하지 못하도록 막는다면, 그래서 피루빈산이 락트산으로 변하지 못하고 저혈당 상태가 되지 않는다면 과식도 피할 수 있지 않을까? 결국 NAD가 NADH로 환원되는 것을 막는 저해 물질을 만들면 되지 않을까?

"가토 교수님, 이런 편리한 물질은 없습니까?"

"NADH는 지방의 대사에도 관여하기 때문에 아예 끊어 내는 것은 좋지 않습니다."

에너지 대사 과정에도 NADH가 이용되므로 만약 NADH를 끊어 내면 몸이 에너지를 만들어 내지 못한다. 저혈당 상태가 되느냐 저체온 상태가 되느냐의 문제가 돼 버리는 것이다. 그렇게 이야기가 술술 풀릴 리 없겠지.

혈당치가 내려간 상태인 데다가 공복 신경이 폭주 중인 취객에게 라멘은 탄수화물 보급원으로서 실로 매력적이리라.

"그 외에도 NADH가 필요한 또 다른 이유는 아미노산을 섭취해야 하기 때문입니다."

"아미노산이요?"

"알라닌은 피루빈산을 만드는 데 사용되기 때문에 섭취하고 싶어지는 거죠."

알라닌은 붉은 살 생선에 많은 아미노산으로, 가쓰오부시에도 비교적 많이 함유되어 있다.

"글루탐산도 간과 창자의 대사에 관여하므로 라멘이 먹고 싶어지는 이유 중 하나라고 할 수 있습니다."

글루탐산이라고 하면 감칠맛을 내는 마법의 백색 가루다. 요즘은 무화학조미료 라멘도 많지만 불과 얼마 전만 해도 라멘 그릇에 글루탐산나트륨이 가득 담겼다. 그리고 무화학조미료 가게도 감칠맛과 글루탐산은 필요하기 때문에 다시마로 맛국물을 낸다.

가쓰오부시나 마른 멸치에 함유된 아미노산과 히스티딘은 체내에서 히스타민으로 변화한다. 히스타민은 혈압을 낮추고 식욕을 억제하며 지방 분해 작용 효과가 있다. 또한 항산화와 항스트레스 작용도 높여 준다. 쥐를 통한 실험에서 학습 능력 증강 효과도 있는 것으로 밝혀졌다. 히스티딘은 피로 회복제로도 판매되고 있는데, 하루치 회복제에는 1650밀리그램의 히스티딘이 들어 있다.

최근에는 마른 멸치를 엄청나게 사용하는 니보시 라멘이 인기다. '니보러'라고 불리는 마니아까지 생겼을 정도다. 산지나 종류에 따라 조금씩 차이가 있겠지만, 마른 멸치의 히스티딘 함유량은 100그램당 400~1200밀리그램이다(출처: 야마모토 마사유키山本昌幸, 〈마른 멸치의 산지에 따른 맛과 성분 비교〉, 《향수시연보》 15호).

마른 멸치를 푹 우려 만든 진회색의 부드러운 국물을 일명 '시멘트계'라고 부른다. 시멘트계의 경우, 1그릇당 40~100그램의 마른 멸치를 사용하는데 그렇다면 그에 상응하는 피로 회복 효과가 있지 않을까? 실제로 신주쿠의 유흥가인 '골든가이'에 오픈한 라멘 가게 '스고이 니보시 라멘 나기すごい煮干ラーメン凪'는 폭발적인 인기에 당황하면서도 황급히 체인점을 늘렸다. 과연 니보시 파워를 무시할 수 없다. 그리고 여러 의미에서 라멘은 무적이다.

그런데 과연 술 마신 후 해장 라멘을 대체할 만한 것이 있을까?

알코올은 더 강한 맛을 원한다

혈당을 높이고 숙취로 지친 몸을 치유하는 마법의 음식이 바로 라멘이다. 취하면 라멘이 먹고 싶어지는 것도 생화학적인 현상이다. 하지만 음주 후에는 먹는 양이 도를 넘는다. 특히 술 마신 뒤 라멘을 먹으면 몸무게가 최고점을 갱신할 수밖에 없다.

"국물을 남기면 되지 않을까요?"

"그렇게 못 하니까 배가 나오는 거예요."

음주 후 라멘은 최고의 선택일지 모른다. 하지만 열량을 생각한다면 라멘은 멀리해야 할 선택이다. 그렇다면 라멘 말고, 술 마신 후 먹으면 좋은 음식으로는 무엇이 있을까? 답을 얻기 위해 영양사 기쿠치 마유코菊池真由子씨를 만났다. 기쿠치 씨는《먹어도 먹어도 살찌지 않는 법》의 저자다.

"라멘을 좋아하는 사람들이 이런저런 변명을 하는 거예요. 몸이 원하니까 먹어도 괜찮다고 말이죠."

어이쿠, 들켰다.

"사실 술을 마실 때 안주 등으로 상당한 칼로리를 섭취하죠. 게다가 이미 식사도 한 이후고요."

그렇다. 술을 마시는 시점에 이미 하루에 필요한 칼로리 섭취가 완료되어 있으므로, 한 끼를 더 먹는 셈이다. 명백한 과식이니 살이 안 찔 리가 없다. 이런, 할 말이 없군.

음주 후 탄수화물을 바라게 되는 이유가 당이 필요하기 때문이라는 것은 앞에서 서술한 대로다.

"알코올은 이뇨 작용을 일으키므로 우리 몸은 수분이 필요해져요. 또한 대부분의 안주에는 염분이 많기 때문에 갈증의 원인이 됩니다."

수분을 보충하기 위해서 라멘 국물을 찾는 것이다. 그렇게 라멘의 매력이 점점 커지게 된 것이다.

"술을 마시면 혀의 감각이 마비됩니다. 그래서 더 진한 맛을 찾게 되죠."

기쿠치 씨는 음주 후에 탄수화물, 짠맛, 국수가 당긴다면 라멘 대신 우동이 좋다고 했다. 음주 후 라멘이 먹고 싶은 것은 더 강한 맛을 원하기 때문이니까.

술자리 마무리에 좋은 음료

라멘은 술을 마신 뒤에 최고지만 먹으면 살이 찐다. 그런 이유로 라멘을 먹지 않기로 결심했다면 대신 먹을 만한 음식은 무엇이 있을까?

"스포츠 음료입니다."

"예?"

"당, 소금, 염분, 모두 들어 있습니다."

"확실히 그렇긴 하죠."

"또한 지방이 거의 없기 때문에 다이어트에 적합합니다."

"아…… 예."

"500밀리리터짜리 페트병을 비우면 배가 부르잖아요."

"그건 그렇…… 죠. 아, 맞다! 스포츠 음료는 당분이 과하지 않나요?"

"라멘보다는 적습니다."

"그야 그렇죠."

"지방이 없다는 것만으로도 훨씬 낫습니다."

“그러네요. 하지만 술에 취하면 스포츠 음료가 생각이나 날까요?”

“흠, 술 마신 다음 날이나 스포츠 음료를 마실 생각이 들겠죠.”

“그렇죠!”

“그래서 더더욱 라멘을 먹지 말아야 해요! 배가 고파도 수분이 많아지면 식욕 호르몬의 분비가 억제되기 때문이지요.”

1999년 고지마 마사야스児島将康 연구 팀(현재 구루메대학교 분자생명과학연구소에서 근무하고 있다)이 새로운 호르몬을 《네이처》에 발표했다. 그렐린ghrelin이라고 명명된 이 호르몬은 위장에서 분비되는데 성장 호르몬 분비와 식욕을 조절한다.

성장 호르몬 분비가 뇌뿐만 아니라 위장에서도 제어되고 있다는 것은 획기적인 발견이었다. 또한 단식을 하면 혈중 그렐린 농도가 높아진다는 사실도 알게 되었다. 그래서 한때 ‘금식=그렐린 분비=성장 호르몬 증가=노화 방지’라는 공식이 상업적으로 이용되기도 했다. 물론 단순히 그렐린이 증가하면 젊어진다고 말할 수는 없다. 하지만 비만인 사람은 혈중 그렐린 농도가 낮고, 마른 사람은 혈중 그렐린 농도가 높다는 것만은 분명하다.

나도 이런 사실을 알게 됐을 때 “제길, 꼭 살을 빼고야 말겠어! 다이어트하자!” 하고 열을 내기도 했다. 뚱뚱한 게 죄는 아니다. 하지만 비만은 불편, 건강상 위험, 자기 자신에 대한 구속이 될 수 있다. 그렐린은 위의 포만감과 연관되어 있다. 그래서 위가 가득 찰수록 그렐린의 분비량은 줄고 식욕은 억제된다.

“배가 고프면 물을 500밀리리터 정도 마시고 그냥 자 버리는 게 좋아요.”

공복감을 물로 달래야 하는 것은 비단 가난한 사람뿐만이 아닌가 보다.

"화장실에 가기 위해 자다 깨는 걸 싫어하는 사람도 있을 텐데요, 그래도 밤중에 라멘을 먹고 다음 날 아침에 속이 부대끼는 것보다는 훨씬 낫다고 생각해요. 자기 전에 먹으면 소화가 잘되지 않으므로 다음 날 일어났을 때 피곤하지요. 어쨌든 다음 날에 지장을 받지 않으려면 과식하지 않는 게 좋아요."

술자리 마무리에 좋은 음식

그래도 라멘을 포기할 수 없다면 어떻게 해야 할까? 《먹어도 먹어도 살찌지 않는 법》에는 '술자리의 마무리로 라멘을 먹어도 살찌지 않는 법'에 대한 내용이 담겼다.

"어차피 먹는다면 가장 선호하는 라멘은 무엇인가요? 돈코츠? 쇼유? 미소?"

"쇼유 라멘이에요."

"왜죠?"

"라멘 국물이 깔끔하면 건더기도 깔끔하거든요. 국물이 진하고 묵직하면 그만큼 건더기도 진하고 묵직하죠. 국물이 산뜻한 쇼유 라멘이라면 건더기도 산뜻한데, 돈코츠 라멘은 국물이나 차슈가 묵직하죠."

《먹어도 먹어도 살찌지 않는 법》에서 소개하는 라멘의 칼로리는 다음과 같다.

돈코츠 미소 라멘	706kcal
돈코츠 라멘	661kcal
미소 라멘	532kcal
쇼유 라멘	486kcal
시오 라멘	444kcal

"살짝 허기진다고 해서 가볍게 먹을 만한 칼로리가 아니죠. 제대로 된 식사 한 끼 칼로리예요."

밥 한 공기는 대략 235~270킬로칼로리다. 돈코츠 미소 라멘과 쇼유 라멘의 칼로리 차이는 약 260킬로칼로리, 딱 밥 한 공기 정도다. 이 칼로리가 쌓이면 어떻게 될지 안 봐도 뻔하다.

그런데 쇼유 라멘이 시오 라멘보다 칼로리가 더 높은데도 불구하고 더 낫다고 한다. 그 이유는 무엇일까?

"시오 라멘을 먹으면 염분 섭취가 과해지므로 쇼유 라멘이 낫습니다."

또 칼륨이 많은 채소를 섭취하면 과하게 섭취한 나트륨을 체외로 배출할 수 있다.

"고명으로 채소나 미역을 섭취하세요."

또 술집 메뉴에는 입가심할 만한 주먹밥이나 오차즈케(녹차에 밥을 말아 먹는 음식—옮긴이)가 있다.

"일부러 가게를 옮겨서라도 라멘이 먹고 싶어지는 이유는 기름진 음식이 당겨서지요. 이때 오차즈케로 가라앉히면 좋습니다."

칼로리 면에서도 그게 좋다. 라멘보다는 오차즈케의 칼로리가 훨씬 낮으니까.

거부할 수 없는 라멘의 유혹

누구나 한 번쯤 거나하게 취한 채 편의점에 들어가 과자를 미련할 정도로 왕창 사 버린 경험이 있을 것이다. 라멘을 꾹 참고 집에 도착했는데 과자를 우적우적 먹어 버리면 라멘을 먹은 것과 큰 차이가 없다.

"단것을 먹으면 행복 호르몬이 나오기 때문이에요."

신경 전달 물질인 세로토닌serotonin이 분비되면 뇌는 행복한 기분을 만들어 낸다.

"과음한 사람은 정신적으로 피로하지요."

우리 몸은 지쳐서 다운된 기분을 끌어올리기 위해 단것을 먹고 세로토닌을 만든다.

"그렇게 중독이 되죠. 단것을 먹고 행복해지면 기분이 우울할 때마다 단것을 찾게 되는 겁니다."

"행복한 기분을 뇌가 각인했기 때문이군요."

"라멘도 마찬가지입니다. 술에 취해서 출출할 때 라멘을 먹으면 배가 불러도 끝까지 먹게 되죠. 이것이 뇌 한구석에 새겨지면 다음번에 취했을 때 또 라멘을 찾게 됩니다."

이거, 위험한걸.

"그래서 술에 취하면 매번 다른 라멘 가게를 찾는 사람은 드물어요. 대개 항상 가던 가게에 가서 마무리를 하죠."

"그렇죠. 인간은 행복의 기억을 좇으며 살아가니까요."

"단순히 맛있는 걸 먹고 싶다는 마음과는 달라요."

"이해했습니다. 무언가를 먹지 않으면 기분이 나아지지 않을 테죠. 앞으로 라멘은 그만두고 편의점에서 삼각 김밥을 사서 돌아가야겠어요."

"편의점 삼각 김밥도 상당히 과합니다."

"네?"

"꽉꽉 눌려 있기 때문에 찻잔에 넣으면 밥 양이 한 잔에 꽉 찰 거예요."

"그래요? 삼각 김밥은 2개를 합쳐야 찻잔 한 잔 정도라고 생각했어요. 삼각 김밥 2개 정도는 금세 먹잖아요? 주전부리 정도랄까요?"

조사해 보니 편의점 삼각 김밥 1개의 평균 칼로리는 160~230킬로칼로리였다. 2개를 먹으면 라멘 한 그릇을 먹은 거나 다름없다.

"음주와는 어울리지 않겠지만 과즙 100퍼센트 오렌지주스도 좋아요. 수분도 섭취할 수 있고, 칼륨도 많아서 과하게 섭취한 나트륨을 몸 밖으로 내보낼 수 있으니까요. 지방과 당 분해를 촉진하는 비타민 B1, B2도 풍부합니다."

라멘을 먹은 다음 날, 퉁퉁 붓지 않으려면?

한밤중에 라멘을 먹어 버렸더니 다음 날 속이 더부룩해서 괴롭다면? 이때 재빨리 본래 컨디션을 회복할 수 있는 방법은 없을까?

"아침밥은 하루의 식욕을 컨트롤하는 기능이 있어요. 날짜가 바뀌고 새로운 하루가 시작됐다고 몸에 알려 주기 때문이죠. 그래서 아침밥은 중요합니다."

그렇다고 해도 숙취와 과식으로 컨디션이 빨래처럼 축축 처진 상태에서 아침밥을 먹으면 화장실로 직행할 것이다.

"그럴 때에도 최소한의 수분과 소량의 염분은 필요하니 미역이 들어 있는 미소 된장국을 드세요. 인스턴트 제품도 괜찮아요. 미역에는 식이 섬유와 칼륨이 풍부합니다. 식이 섬유는 불필요한 콜레스테롤을 몸 밖으로 내보내는 역할도 하지요."

다만 인스턴트 미소 된장국에 들어 있는 미역만으로는 조금 부족하다.

"건조 미역을 한 줌 추가해 주면 필요한 최소한의 양이 됩니다."

"미소 된장국은 숙취가 있어도 먹을 수 있겠어요."

"기왕이면 쌀밥과 함께 먹으면 더 좋아요. 쌀밥으로 당질도 보충하는 거죠. 그리고 달걀말이나 낫토 등 단백질도 섭취하세요. 단백질을 먹지 않으면 기운이 안 납니다. 좀 더 여유가 있다면 채소도 드시고요."

라멘을 먹어서 얼굴이나 몸이 부었다면 어떻게 하는 게 좋을까?

"물을 마시는 게 제일입니다. 우리 몸은 혈중 나트륨 농도를 낮추고 싶어 하므로 물을 마시면 소변과 함께 배출시킵니다. 혈액 순환을 좋게 하려면 몸을 굽혔다 폈다 하는 스트레칭을 하면 좋습니다. 그게 가장 효과가 빨라요. 불필요한 수분은 중력 때문에 하반신에 고이기 쉬워요. 그래서 몸을 굽혔다 펴는 운동을 하면 상반신까지 순환이 좋아집니다."

칼륨을 섭취하면 나트륨 배출이 좋아진다. 그렇기 때문에 칼륨이 함유된 채소를 익히지 않고 먹어야 한다.

"채소를 데치면 칼륨이 물에 녹아 반 이상이 빠져나가기 때문에 익히지 않고 그대로 먹는 게 좋아요. 채소주스를 한 잔 마셔도 좋고요."

채소주스는 의외로 칼로리가 높으므로 너무 많이 마시지 않도록 한다.

"채소주스에는 비트나 사탕무처럼 이름부터 단맛이 나는 채소가 이용되었기 때문에 상당히 달아요. 채소를 먹을 생각으로 마셨다가는 당분까지 섭취하게 되므로 주의하세요."

채소주스는 채소를 날로 먹었을 때에 비해서 식이 섬유가 적다. 또한 데친 채소는 빨대로 간편하게 먹을 수 없다. 그리고 채소주스로는 식이 섬유를 많이 섭취할 수 없다. 그러므로 결국 익히지 않은 채소를 먹는 게 가장 좋다. 채소주스는 어디까지나 채소를 생으로 먹을 수 없을 때 필요한 차선책이다.

라멘은 술자리의 마무리 음식으로서 매력적이지만 건강을 위해서는 가능하면 피하는 것이 좋다.

쫄깃쫄깃 면발의 과학

꼬불꼬불한 면, 곧은 면, 가는 면, 굵은 면…… 라멘의 면발은 천차만별이다. 가수율이란? 간스이란? 종류에 따라 밀가루도 차이가 있을까? 라멘은 파스타, 우동, 소면 같은 면 요리와 무엇이 다를까? 모두 밀가루를 사용하는 요리 아닌가? 이처럼 라멘의 면을 둘러싼 여러 의문과 유명 라멘 맛집들의 절대적인 신뢰를 받고 있는 제면 회사의 이야기를 살펴보았다.

'자가제면'이란 무엇인가?

"국물은 라멘의 생명이다."

영화 〈담뽀뽀タンポポ〉에서 주인공 고로를 연기한 야마자키 쓰토무의 대사다. 라멘의 국물은 맛국물로 내는데 이때 적절한 맛의 밸런스를 맞추면 맛이 몇 배로 좋아진다. 다양한 재료를 조합해 최대한의 감칠맛을 내는 것이 라멘의 국물이다.

그렇다면 면은 어떨까? 최근에는 직접 면을 만든다며 '자가제면自家製麵'을 강조하는 라멘 가게가 많다. 라멘 가게의 메뉴판 뒷면이나 계산대 근처 벽면에는 이런 설명이 적혀 있기 마련이다.

"우리 라멘의 맛국물은 가가와 현의 이부키산 마른 멸치, 마쿠라자키산 마른 혼부시(가다랑어 등살), 다이센도리(가금육 판매점) 닭고기를 넣고 통째로 끓여서 내었습니다. 또한 간장은 쇼도시마산

5년 숙성 간장을 쓰며, 차슈는 저온에서 조리된 '도쿄X' 품종의 넓적다리 살과 6시간 동안 푹 끓인 '산겐톤' 품종의 삼겹살을 직화로 구운 2종류가 준비되어 있습니다."

이른바 라멘의 스펙이다. 이때 면은 일본산 ○○밀가루를 사용해 직접 만든다는 설명도 들어간다. 이처럼 라멘 가게가 직접 면을 뽑는 데 신경 쓰는 이유는 무엇일까?

소바 장인이 면에 신경 쓰는 것은 수긍이 간다. 소바 제면 체험 프로그램에 참여한 적이 있는데, 소바의 풍미는 금방 날아가므로 그날그날 먹을 만큼만 만드는 게 좋다고 배웠다. 업소용 면은 배송 도중에 향이 날아가 버리기 때문에 소바 가게는 면을 직접 만들어야 하는 것이다.

라멘의 경우도 그럴까?

라멘을 먹을 때 면의 향을 의식한 적은 없다. 하지만 갓 구운 빵에서는 아주 구수한 향이 나지 않는가? 갓 뽑은 라멘의 면에서도 그런 향이 날까? 직접 만든 면과 공장에서 만든 면은 어떤 차이가 있기에 직접 면을 뽑는 가게가 늘어나는 것일까? 새삼 나는 라멘의 면에 대해 아무것도 모른다는 걸 깨달았다.

라멘의 면이 황색인 이유는 간스이 때문이라고 한다. 그렇다면 간스이란 무엇일까? 간스이를 넣으면 면의 무엇이 어떻게 변하는 것일까? 아오모리 지역의 라멘은 면에 간스이를 사용하지 않는다고 한다. 간스이를 사용하지 않아도 라멘을 만들 수 있다면 구태여 간스이가 없어도 괜찮지 않을까? 면을 만들 때 일본산 밀가루를 사용했다고 하면 마음이 놓이는데 실제로는 어떨까? 일본산과 외국산 밀가루는 무엇이 다를까?

라멘 전문 제면 회사, 미카와야제면

모르는 것은 현장 전문가에게 물어보는 것이 가장 빠르고 확실하다. 라멘 오타쿠들은 제면 회사에 대해 소상히 알고 있다. 그들의 입에 많이 오르내리는 회사 이름이 '아사쿠사카이가로浅草開化楼'다. 이 회사의 면은 단단한 것이 특징이다. 그리고 츠케멘 붐을 일으킨 가게 '로쿠린샤六厘舎'에 납품하고 있다는 사실과 '불사조 까마귀'라는 별명으로 활동하는 프로레슬러 겸 영업 사원이 근무하는 것으로 유명하다(그는 TV에 출연할 때에는 마스크를 쓴다).

많은 라멘 가게의 절대적인 신뢰를 받고 있는 사카이제면酒井製麵, 1917년에 창업한 대성식품, 사이타마 현에 위치한 무라카미아사히제면소村上朝日製麵所, 홋카이도에 있는 카네진식품 등 유명 라멘 가게에 납품하는 브랜드 제면소는 많다.

이러한 브랜드 제면 회사 중 업계 최대 규모인 곳이 도쿄 히가시쿠루메 시에 있는 미카와야제면三河屋製麵이다. 라멘을 잘 모르는 사람이라도 "그 가게도 미카와야를 쓴다고?"라고 할 정도로 그 이름이 자주 오르내린다. 1961년에 시작해 2019년에 창립 58주년을 맞은 미카와야제면의 대표 이사 미야우치 이와오에게 이야기를 들어 보았다.

"우리 회사는 원래 우동을 만들었습니다. 우동, 일본 소바, 야키소바, 라멘을 만들었죠. 국수라는 게 대체로 만드는 방법은 1가지니까요."

현재는 업소용 생중화면만 취급하고 있다.

"현재의 공장으로 이전하고 나서는 생중화면만 만들도록 설비를 갖추었고 100퍼센트 전환했습니다."

거래처는 크고 작은 라멘 가게다.

"기본적으로 다양한 종류의 면을 갖추고 있기 때문에 고객의 요구는 대부분 맞출 수 있습니다. 하지만 만족스럽지 않은 고객이 있다면 그에 맞게 새로운 면을 만듭니다."

라멘의 면을 주문 제작할 수 있다니, 잘 와 닿지 않았다. 굵은 면, 가는 면 외에 어떤 주문이 가능할까?

"면을 직접 만들었던 고객은 구체적으로 이런저런 면을 만들어 달라고 레시피를 주는 경우도 있지만 극히 소수에 불과합니다. 대체로는 주문이 추상적이죠. 가령 '탱탱하게 해 주세요' 같은 식인 거죠."

마치 디자이너를 울리는 주문처럼 말이다.

"20대 초반부터 30대 중반 여성이 좋아할 만한 멋진 것으로요! 아, 내일까지 러프하게라도 부탁해요"라는 식이 아닌가. 제면 업계에도 이런 요상한 주문이 있나 보다.

"어디어디의 라멘이 좋으니까 그런 식으로 만들어 달라고 하는 경우도 있어요. 이 정도는 대강 알 만한 요구니까 받아들이죠."

알 만하다고?

"재료와 만드는 방법이 무수히 많기 때문에 전부 알 수는 없습니다. 다만 대강 알 만하죠. 조사는 필요하지만요. 가게 홈페이지에 일본산 밀가루를 사용한다든지, 굵은 면인지 가는 면인지 안내되어 있으면 '아하!' 금세 알 수 있습니다. 그다음은 현장에 가서 먹어 보는 거죠. 홈쇼핑에서 판매하는 제품이면 사서 먹어 볼 수도 있어요. 어쨌든 직접 먹어 보는 게 제일 빨라요."

삶아진 면은 원래 어떤 특징을 가졌는지 알기 어렵다. 그래서 생면이 있으면 가장 좋다고 한다. 홈쇼핑으로 면을 구매하면 개발에 큰 도움이 된다.

밀가루의 맛과 종류

"밀가루에는 여러 종류가 있어요."

일본에서 유통되는 밀가루는 강력분, 준강력분, 중력분, 박력분, 세몰리나semolina(파스타 제품의 원료로 쓰이며 입자가 크고 거칠다—옮긴이), 이렇게 5종류로 나뉜다.

"우리는 각각의 밀가루로 면을 만들면 어떤 면이 나올지 알고 있습니다. 그래서 한 제품의 촉감, 매끄러움, 찰기 등을 살펴보면 대충 어떤 종류의 밀가루가 쓰였는지 짐작할 수 있지요. 그리고 실제로 따라서 만들어 봅니다. 만든 면을 직접 먹고 비교해 보면서 얼마나 비슷한지 여부를 따지죠. 이 과정을 반복하게 됩니다."

밀가루는 밀의 성질에 따라 용도가 나뉜다. 밀 낟알의 약 83퍼센트를 배젖(발아에 필요한 양분을 저장하고 있는 씨앗의 일부분)이 차지하는데, 밀가루는 이 배젖을 가루로 만든 것이다. 밀가루의 점성은 배젖에 함유되어 있는 단백질 때문이다. 단백질의 주성분인 글루테닌glutenin과 글리아딘gliadin에 수분이 가해지고 물리적 압력으로 치대면 서로 엉켜 글루텐이 된다.

재단 법인 제분진흥회의 설명에 의하면 2종류의 단백질이 물을 만나면 각각 다음의 성질을 가지게 된다.

✔ 글리아딘은 접착력이 강하지만 탄력은 약해서 펴기 쉽다.

✔ 글루테닌은 탄력이 강해서 펴기가 어렵다.

각각의 단백질이 물과 만나면 접착성과 탄력성이 생기고 글루텐으로 변화하는 것이다.

또한 단백질이 얼마나 함유되어 있느냐에 따라 밀가루의 성질이 정해진다. 하지만 반죽할 때 넣는 물의 양, 물과 밀가루 이외의 첨가물, 반죽 방법에 따라 만들어지는 글루텐의 양이 달라진다. 또한 밀가루에 들어 있는 글리아딘과 글루테닌의 비율에 따라 글루텐의 성질이 달라진다.

강력분은 찰기가 강해서 반죽이 단단해지므로 빵을 만들기에 좋다. 준강력분은 강력분보다 찰기가 약하다. 중력분은 우동 면을 만들 때 쓴다. 박력분은 찰기가 없어서 바삭하게 튀겨지기 때문에 과자나 튀김을 만들 때 쓴다.

“일반적으로 라멘 가게에서 많이 사용하는 밀가루는 준강력분입니다.”

준강력분은 글루텐이 상당히 많고 반죽하면 차지다.

일본에서 유통되는 밀가루의 약 90퍼센트가 수입산이다. 수입

된 밀은 다섯 품종뿐인데 제분 업체에서 제분하고 다양하게 배합하여 규격과 특성에 맞는 밀가루 제품을 만들고 브랜드화한다. 츠케멘 전용 밀가루, 수타 라멘 전용 밀가루처럼 용도별로 나뉘어 유통되는 밀가루가 무려 1000여 종이다.

이러한 수입 밀을 외맥外麥이라고 한다. 그렇다면 '내맥內麥'이라는 말도 있을까? 쉽게 생각하면 내맥은 일본산 밀을 가리키리라.

"일본산 밀은 '하루요코이春よ恋'나 '키타호나미きたほなみ'처럼 각각의 품종으로 판매되고 있어요."

밀은 품종, 기후, 산지에 따라 맛과 성질이 다르다.

"추운 지역에서 수확한 밀에 단백질 함유량이 더 높습니다. 그것으로 만든 면은 찰기와 탄력이 더 높죠."

밀은 추운 지방의 농작물이다. 하지만 일본인은 남방 식물이었던 쌀을 품종 개량시켜 주식으로 삼았다. 밀도 마찬가지다. 덕분에 최근에는 다양한 품종의 일본산 밀이 각지에서 수확되고 있다.

일본산 밀이 가진 풍미의 비밀

"밀은 기본적으로 무미무취라고 알려져 있죠. 아무 맛도 나지 않거든요."

아무 맛이 나지 않는다고? 그런가? 아무 맛이 없었나?

"밀가루는 1~3등급이 있습니다. 흔히 하얀색에 더 가까울수록 좋다고들 하잖아요? 물론 소비자의 요구이기도 하고요. 그래서 외국산 밀을 일단 하얗게 만드는 데 힘씁니다. 그리고 밀의 껍질과 배아를 분리해서 배젖만 취해 정미하고 있어요. 1등급 밀가루는 이렇게 만든 거예요."

일본 전통주(사케)의 등급을 나누는 기준인 긴조(정미율 60퍼센트 이하)나 다이긴조(정미율 50퍼센트 이하)처럼 말이다. 일본 전통주는 쌀알의 겉을 깎아 심만 사용하는데 많이 깎아 낼수록 좋은 술을 만들 수 있다. 밀가루도 비슷한 듯하다.

"일본산 밀의 경우, 수확량이 적으므로 수입산 밀처럼 배젖만 남기면 수요를 맞출 수 없어요. 그래서 정미할 때 1등급 밀가루보다 밀알을 조금 얇고 완만하게 깎아요. 알맹이를 많이 남기기 위해서요. 그러다 보니 껍질이 완전히 벗겨지지 못하고 조금 남아 있게 되지요. 이 상태로 정미한 밀가루는 색도 좀 누렇고 쓴맛도 살짝 나죠. 이런 차이가 맛에 드러나는 겁니다. 성인은 쓴맛도 감칠맛의 하나로 인식하잖아요? 그래서 쓴맛이 느껴져도 맛이 좋다고들 하죠. 하지만 이건 밀가루 본연의 맛이 아니라 단지 껍질이 섞여 들어갔기 때문입니다."

맛의 기준은 시대에 따라 여러모로 변한다. 내 어머니는 전쟁을 겪은 세대였는데 그래서 그런지 지금은 상대적으로 맛이 없는 현미를 절대 먹지 않는다.

"그럼 전립분이라는 건 무엇입니까? 츠케멘의 면에 많이 들어 있는 거친 알갱이들 말입니다."

"이삭에서 떨어져 나온 낟알은 황색 껍질로 둘러싸여 있습니다. 껍질을 완전히 벗겨 내고 알맹이만 남겨 정미하면 하얀 밀가루를 만들 수 있지만, 껍질을 벗기지 않은 채 밀가루를 만들면 전립분이 됩니다. 보통 껍질과 함께 깎여 나가는 부분이 3분의 1가량 되는데 전립분은 이 부분까지 함께 분쇄하는 겁니다."

현미처럼 배아와 껍질을 분리하지 않고 함께 가루로 만드는 것이다.

"이른바 전립분면이라고도 하는 중화면은 밀가루에 전립분을 섞어 만든 것인데 비율은 대개 4~5퍼센트입니다. 사실 5퍼센트의 3할 정도, 그러니까 전체의 1.5퍼센트만 들어가도 면이 촉촉해집니다."

중화면은 상당히 촉촉해서 혼합 비율이 높을 줄 알았는데 생각보다 낮았다.

"100퍼센트 전립분만으로 면을 만든다면 아주 새까맣게 되어 버려서 사람이 먹을 수 없게 됩니다. 쓰고 맛없어서 도저히 먹을 수가 없죠."

그렇겠군.

"맛은 없어도 인기가 높아요. 건강에 좋은가 봐요."

맛을 더 좋게 하려고 현미를 백미로 개량한 것인데 이제는 다들 건강을 생각하는 탓에 맛은 2순위가 되었다.

"우리도 전립분 중화면을 만들고 있습니다. 다만 영양가가 높다고 해서 그게 건강에 도움이 되느냐 하면…… 수치적으로는 먹지 않을 때보다야 도움이 되겠지만, 정말 몸을 위해 중화면을 먹어야 할 정도는 아닙니다. 일본산 밀로 만든 면이 인기가 있는 이유는 감칠맛 때문이지, 높은 영양가와는 별개입니다."

1.5퍼센트의 혼합 비율이면, 대략 300그램의 츠케멘 1인분 중에

서 4.5그램 정도다. 맛을 내기에는 충분할 테지만 건강에 도움을 주기에는 무리가 있다.

밀 껍질(표피 부분)에는 철, 아연 등의 미네랄 성분과 다량의 섬유질이 함유되어 있다. 특히 섬유질은 밀 껍질 무게의 약 40퍼센트를 점할 정도로 풍부하다. 그러므로 츠케멘에 첨가된 섬유질은 2그램 정도다.

일본 후생노동성의 자료인 《식이 섬유의 섭취 기준》(2015년판)에 따르면 성인 남성이 하루에 섭취해야 할 섬유질은 20그램 이상이다. 20그램 중 2그램, 다른 미네랄 공급원을 찾아야 할 정도다. 그래도 아예 들어 있지 않은 것보다는 낫다고 한 미야우치 씨의 말에 동의한다.

꼬불거림과 가수율의 관계

내가 알고 있는 라멘의 면은 꼬불꼬불하다. 하지만 최근에는 곧은 면을 쓰는 가게도 늘고 있다. 이런 가게는 언제부터 늘어나기 시작한 걸까?

"가게 주인들이 자신만의 독특한 '창작계' 라멘을 선보이면서부터죠. 꼬불거리는 면을 사용하면 화제가 되지 않거든요."

"왜 면은 꼬불꼬불하죠? 꼬불꼬불하면 좋은 점이 있나요?"

"꼬불거리는 면이 국물을 더 잘 흡수한다는 의견도 있지만 꼭 그런 것만은 아니에요. 면을 만들 때 재료의 배합에 따라 다르죠. 국물 맛이 잘 배는 곧은 면도 있고, 맛이 잘 배지 않는 꼬불거리는 면도 있지요. 결국 국물과의 상성이 다르므로 꼬불거리는 정도는 소비자의 취향에 달렸죠."

유체 역학적으로 살펴보면 곧은 면이 꼬불거리는 면보다 국물을 더 잘 흡수한다는 견해도 있다.

꼬불꼬불한 면은 과거부터 지속된 관습일까, 아니면 식감이 인기가 있는 걸까. 자가제면의 경우 작업 공정상 꼬불거림이 생기기 어렵다. 면을 꼬불꼬불하게 만들기 위한 장치를 제면기에 별도로 달거나 직접 손으로 면을 구부려야 하기 때문이다. 자가제면 가게가 늘어난 것도 곧은 면을 찾는 사람이 많아져서일지 모른다.

"손님 주문 중에 이건 좀 어렵다 싶은 것이 있나요?"

"수타면이죠."

"수타? 의외네요."

"손으로 때리면 비슷하게 만들 수는 있죠."

"수타는 어떤 점이 그렇게 까다로운가요?"

"키타카타喜多方 라멘, 사노佐野 라멘에는 수타면이 쓰이는데요. 푸른 대나무를 밀대로 사용해 반죽하고 식칼로 잘라 면을 만듭니다. 반죽이 일정 이상 부드러우면 기계를 거치지 못해요."

반죽이 부드러워서 기계를 사용하지 못한다? 그래서 수타면은 기계로 만들지 못하는 것이다.

"롤 제면기를 이용해 반죽을 늘리고 잘라 봤지만 가수율이 40퍼센트를 넘으면 기계 사용이 어렵습니다."

일반적인 중화면의 가수율은 32~33퍼센트다. 다가수多加水 면은 37~38퍼센트며, 저가수低加水 면은 30퍼센트 이하다. 가수율이 높으면 부드러운 대신 잘 늘어나지 않고 탄력이 강한 면이 된다. 대표적인 저가수율 면은 하카타 라멘에 쓰이는 면이다. 가수율은 28~30퍼센트 정도로 탄력이 없고 오도독오도독하다.

"수타면의 반죽은 가수율이 50~60퍼센트 정도로 아주 부드러워서 막 찐 떡과 비슷합니다. 그래서 기계를 쓸 수 없죠."

"60퍼센트가 물이라고요? 흐물흐물해지지 않나요?"

"사람에 따라 계산 방법이 달라요. 업계에는 가수율을 정하는 기준이 없으니까요."

"밀가루에 대해 물이 몇 퍼센트나 들어가느냐를 계산한 것 아닙니까?"

"물론 가수율은 밀가루의 양을 100으로 놓았을 때 물이 몇 퍼센트 들어가느냐를 나타내는 것입니다. 하지만 가수율에 순수하게 물만 포함시킬지, 간스이나 소금의 양도 포함시킬지에 따라 계산이 완전히 달라집니다. 밀가루 100그램에 물 30밀리리터를 넣는다면 가수율은 30퍼센트가 되지요. 하지만 간스이나 소금처럼 첨가물은

반죽을 거대한 롤 제면기로 재단한다. 수타면은 너무 부드럽기 때문에 이 공정을 거치기 어렵다.

제외하고 '물 몇 퍼센트'라고 명확하게 말하는 사람도 있어요. 이런 비율을 정하는 데에는 정답이 없으므로 가수율을 어떻게 잡을지 고객에게 미리 물어보지 않으면 똑같은 면을 만들 수 없지요."

참으로 장인의 세계다운 조정이 필요하구나. 당연한 이야기겠지만 면의 단단함은 가수율만으로 정해지지 않는다. 글루텐이 많은 밀가루를 사용하면 가수율이 높아도 면은 단단해지고, 그 반대의 경우도 있다. 똑같은 가루를 사용해도 반죽을 잘하면 그만큼 글루텐이 많이 나와서 탄력도 강해진다.

파스타용 밀가루로 라멘을 만들면?

파스타용 밀가루인 세몰리나로 라멘용 면을 만들면 어떻게 될까? 그것도 라멘이라고 할 수 있을까?

"세몰리나는 '거칠다'라는 의미예요."

세몰리나를 만져 보면 까슬까슬하다.

"세몰리나는 파스타 면을 만드는 데 쓰이는 밀가루인데 파스타와 중화면은 전혀 다릅니다. 파스타 면은 반죽을 강한 압력으로 늘리고 단단하게 뭉쳐서 작은 구멍으로 뽑아냅니다. 반죽을 치대지 않기 때문에 거친 가루여도 괜찮죠. 보통의 제면기에서는 밀가루가 거칠면 물이 침투하지 못하므로 반죽이 잘되지 않습니다. 그래서 세몰리나는 중화면과 맞지 않아요. 반죽이 차지지 않으니까 잘 늘어나긴 하지요. 하지만 만드는 방법이 다르므로 파스타 면처럼 될 수 없어요."

"당질 제한 면은 어떻게 만드나요?"

"제면 회사들은 면의 당질을 50퍼센트까지 제한할 수 있다고 해요. 재료의 절반 정도가 밀가루가 아닌 거죠. 반죽에 다른 첨가물을 섞는 건데 이것 때문에 맛이 떨어집니다. 면이 맛있는 이유는 당질 때문인데 그것을 제한하면 맛이 없어지죠."

"'빙온숙성氷溫熱成'이라고 적혀 있는 면도 있는데 그건 뭔가요?"

"반죽의 숙성 기간이 길어야 면에 탄력이 생깁니다. 하지만 금방 얼려 버리면 충분히 숙성하지 못하죠. 빙온숙성 면은 저온으로 오랫동안 숙성시킨 반죽으로 만든 면을 말하는 겁니다."

면의 성질을 결정하는 간스이

면의 성질이 결정되는 데는 밀가루 말고도 첨가물이 중요한 역할을 한다.

"첨가물이라고 하면 어감이 안 좋지만 사실 글루텐이라고 불리는 밀의 단백질, 달걀, 소금, 간스이 등이 문자 그대로의 첨가물입니다. 이것들을 잘 활용해서 원하는 식감을 만들어 내죠."

중화면은 역시 간스이가 핵심이다.

"흔히 간스이를 첨가한 것만 중화면이라고 정의하곤 하지요."

중화면을 만들 때 간스이는 절대로 빠져서는 안 되는 첨가물인 것이다.

"지금처럼 다양한 면이 등장한 것은 최근 10~15년 사이의 일입니다. 그전에는 두껍고 꼬불거리는 홋카이도의 면, 하얗고 곧은 하카타의 면처럼 지역성에 따라 다른 정도였지요. 하지만 중화면은 어디나 비슷하게 황색의 꼬불거리는 면이었어요."

간스이를 사용하면 중화면이라고 할 수 있다. 츠케멘의 면이나 우동처럼 두꺼워도 간스이를 사용했으면 중화면인 것이다.

"우동 면을 만들 때 사용하는 밀가루는 라멘에 사용하는 밀가루와 달라요. 우동은 중력분, 중화면은 강력분 계열을 사용하죠."

간스이는 라멘에 독특한 풍미를 더한다. 하지만 아오모리의 라멘은 간스이를 사용하지 않는다. 아오모리 특산물 전시회에 참석했다가 먹어 본 적이 있는데, 마른 멸치를 사용한 국물은 진했고 중간 두께의 하얀 면은 쫄깃해서 퍼지지 않았다. 하지만 가느다란 우동 면과 비교하면 식감이 달랐다. 약간 씹히는 맛이 둔했다. 물론 우동과 라멘 중 어느 쪽에 가깝냐고 물으면 당연히 라멘이다. 하지만 일반적으로 떠올리는 라멘의 맛과는 달랐다.

아오모리의 라멘 가게들은 아침 영업을 한다는 표지를 내건 곳이 많은데 충분히 납득이 간다. 그곳의 라멘은 부담스럽지 않기 때문이다. 국물은 생선으로만 내서 맑은 된장국과 비슷하다. 우동처럼 부드러운 면이 딱 어울린다. 일반적인 라멘이 밥이라면 아오모리의 라멘은 죽처럼 부드럽다.

간스이의 역할이 바로 이렇다. 중화면 특유의 매끈함과 쫄깃함을 만들어 주는 것이다.

중화면이 황색을 띠는 이유

그럼 야키 소바 면과 중화면은 다를까?

"기본적으로는 같습니다. 야키 소바 면은 중화면을 찐 것이니까요. 라멘의 면을 찌면 야키 소바 면이 되는 겁니다. 다만 일반적인 라멘의 면을 찌면 간스이 때문에 황색으로 변하죠."

슈퍼마켓에서 팔고 있는 야키 소바용 황색 면은 간스이 함유량이 적고 찐 시간도 짧다. 그래서 따로 착색료를 첨가해 황색을 내기도 한다.

사실 라멘 면의 반죽을 얇게 늘리면 완탕면에 들어가는 완탕의 피가 되고, 우동 면의 반죽을 얇게 늘리면 슈마이(만두의 한 종류)의 피가 된다.

"슈마이는 찌는 음식이잖아요? 간스이가 들어 있으면 황색으로 변해 버립니다. 그래서 슈마이의 피를 만드는 반죽에는 간스이를 넣지 않아요. 그런데 가끔 완탕 피로 슈마이를 만드는 사람이 있지요. 당연히 슈마이를 찌면 황색으로 변하죠. 그런데 이걸 모르고 제조 회사에 클레임을 거는 일도 있다고 합니다."

"면이 황색을 띠는 것은 역시 간스이 때문이군요?"

"요즘 나오는 간스이는 그렇게까지 황색으로 변하지 않습니다. 그보다는 크림색에 가깝지요. 간스이의 양이 늘어나면 색도 진해지지만 황색이라고 할 정도는 아닙니다. 간스이가 많이 들어가면 암모니아 냄새가 나서 향이 고약해집니다. 물론 국물을 마실 때 향이 코끝을 때려야 진짜 라멘이라고 말하는 사람도 있지만요."

그래서 간스이 대신 착색료를 첨가해 황색만 두드러지게 만드는가 보다.

"홋카이도 라멘은 진한 황색입니다. 그런 라멘을 만들어 달라는 의뢰를 받으면 우리도 착색료를 많이 넣어 만듭니다."

"착색료로는 무엇을 넣습니까?"

"치자나무에서 추출한 색소와 비타민 B2입니다."

밤 조림을 만들 때 넣는 치자나무? 그렇다면 천연 재료를 쓰는 군. 비타민 B2도 우리가 흔히 먹는 건강 보조제에 들어 있다.

달걀흰자로 면발을 코팅하다

"소금도 빠뜨리면 안 되겠죠?"

"소금은 넣지 않아도 괜찮습니다. 소금은 간스이와 마찬가지로 단백질을 응집시키는 작용을 하기 때문에 필요에 따라 넣으면 됩니다."

하지만 소금은 너무 많이 넣지 않도록 주의해야 한다. 왜냐하면 면발의 소금이 국물에 녹아 염도가 높아지기 때문이다.

"우동 면은 라멘의 면과 달라서 만들 때 상당량의 소금을 사용합니다. 그러면 면에 염분이 남게 되지요."

담백한 국물이라면 면에서 녹아 나온 염분 때문에 처음과 마지막의 국물 맛이 달라져 버린다.

"면을 만들 때 달걀도 사용합니다. 달걀은 열을 가하면 단단해지잖아요? 이때 노른자위보다 흰자위가 핵심입니다. 흰자위를 첨가한 면을 삶으면 탄력이 생깁니다."

날달걀을 사용하면 위생 문제가 발생할 수 있기 때문에 주로 건조한 흰자 분말을 첨가한다. 하지만 드물게 날달걀을 사용하는 경우도 있다. 이때는 노른자위도 함께 넣는다. 달걀의 흰자위는 면을 코팅하는 역할을 하는데 그러면 면발이 국물을 잘 흡수하지 못한다. 그래서 면을 살짝 익혀야 하는 하카타 라멘에 주로 사용한다.

최근에는 간스이를 사용하지 않는 '무無간스이 면'도 있다. 물론 아오모리의 중화면이 간스이를 사용하지 않는 것과는 다른 의미다. 간스이가 건강에 나쁘다는 이미지를 가지고 있기 때문에 개발된 건강식품의 한 종류다.

"하지만 간스이를 사용하지 않으면 면의 식감이 떨어집니다. 이를 보충하기 위해 알칼리성 소성칼슘을 첨가합니다. 탄력은 생기지만 라멘 특유의 향이 나지 않죠."

간스이란 무엇인가?

간스이에 대해 좀 더 알고 싶어졌다. 건강 관련 기사를 살펴보니 간스이에 함유된 인산염phosphates이 칼슘 부족을 유발한다고 나왔다. 설마 라멘을 먹으면 골다공증에 걸릴까? 간스이는 정말 건강에 해로울까? 물질로서 어떤 성질을 가지고 있는 걸까?

인터넷에서 간스이를 검색했다. '데일리포털 Z' 사이트에서 〈라멘의 면에 들어간 간스이의 정체〉 〈라멘의 간스이에 관한 실험〉이라는 기사를 찾을 수 있었다. 기사를 쓴 이는 간스이의 정체를 밝히기 위해 간스이 제조사를 찾아가고 시중에 판매되고 있는 여러 종류의 간스이를 사용해 면을 직접 만들어 보았다. 내가 알고 싶었던 내용이 이 기사들에 전부 나와 있었다.

기사의 작성자를 자세히 보니 다마오키 효혼玉置標本이라는 필명으로 활동하는 다마오키 유타카玉置豊 씨였다. 그러고 보니 그가 간스이에 대해 취재한 것은 당연했다. 효혼 씨는 자신의 제면기로 면을 만드는 제면 마니아기 때문이다. 그 경험을 바탕으로《취미로서의 제면》이라는 잡지도 발행했다. 내 지인 중에서 〈마쓰코가 모르는 세계〉(특정 분야의 마니아가 출연해 그 분야를 소개해 주는 TV 프로그램—옮긴이)에 출연할 확률이 가장 높은 사람은 단연코 효혼 씨다. 마쓰코가 모르는 제면의 세계라…… 꼭 한번 보고 싶다.

효혼 씨는 자기 이름의 뜻처럼 '표본標本'을 수집하듯 무엇이든 잡아들이고 잡아먹는다. 다마가와 강에서 자라를 잡거나 공원에서 들풀을 긁어모으는 것 정도는 시작에 불과하다. 그런 경험이 점점 쌓여서《무엇이든 잡아먹기》라는 책도 냈다. 그야말로 자연인처럼 사는 사람이다.

사실 효혼 씨는 내 친구의 친구였다. '헤비젠'이라는 오래된 한약방에서 뱀 사냥을 떠났는데 그때 동행했다가 처음 만났다. 산속 깊숙이 들어가지 않아도 풀숲이나 콘크리트 벽 틈에 뱀이 많았다. 당시 뱀 사냥 때 잡은 뱀들을 큰 가마에 넣고 검게 구웠다. 그중 일부는 사냥 멤버들끼리 나눠 먹었다. 헤비젠의 사장님이 익숙한 손놀림으로 뱀을 손질했었다. 껍질을 확 벗기고 뼈를 제거한 뒤 소금과 후추를 약간 뿌려 주면 완성. 역시 뱀은 구워 먹는 게 제일이다.

그런 인연이 있었던 효혼 씨에게 취재할 곳을 추천해 달라고 부탁했다. 그랬더니 간스이 전문가를 소개해 주었다.

주식회사 고미야상품小宮商品의 영업부에서 근무하는, 일명 '밀가루의 마루짱'이라고 불리는 마루야마 켄타丸山健太 씨다. 고미야상품은 1950년에 창립한, 역사가 깊은 밀가루 도매상이다. 니신제분日清製粉, 니혼제분日本製粉 등 대형 제분 회사로부터 밀가루를 구입해 제면 회사에 도매로 팔고 있다. 사업의 특성상 거래처는 주로 라멘 가게다. 그래서 마루야마 씨는 하루에 라멘을 4~5그릇이나 먹는 엄청난 마니아다.

중화면에 더하는 것

"우선 중화면의 정의는 무엇일까요? 일본 식품법에 의거하면 밀가루와 간스이를 섞어 만든 면을 중화면으로 판매할 수 있습니다. 그러므로 아오모리의 니보시 라멘에 사용되는 무간스이 면은 포장지 뒷면에 '생면'이라고 적혀 있지, 중화면이라고 적지 않습니다."

미카와야제면을 방문했을 때 들었던 설명과 같다. 중화면은 간스이가 들어 있어야 중화면인 것이다. 그 밖에 무엇이 첨가될까?

"식품 성분표를 봅시다."

모 회사 제품의 성분표를 살펴보았다.

면: 밀가루, 식물성 기름, 식용 소금, 글리신, 간스이, 치자나무 엑기스

보존료: 연어 이리단백(물고기 수컷의 정액에서 얻은 염기성 단백질—옮긴이)

"면의 색을 낼 때 과거에는 적 4호, 적 2호를 사용했는데 천연색소를 사용하게 되면서 최근에는 치자나무 엑기스를 주로 사용합니다."

글리신은 아미노산의 일종으로 단맛과 감칠맛이 있고 산화 방지 작용도 하기 때문에 식품 첨가물로 이용된다. 최근에는 수면 중 각성을 억제하는 작용이 있다고 해서 수면 장애 개선 보조제로 활용되고 있다. 사실 나도 대량으로 구매하여 먹었던 적이 있다. 독특한 단맛이 있어서 커피에 설탕 대신 넣어 먹었는데 물론 잠도 잘 왔다.

매끈한 면을 만들기 위해서 흔히 반죽에 식용유를 넣는다. 이리단백은 항균성이 있어 1985년부터 보존료로 사용되었다. 아르기닌이 주성분인 이 생소한 물질은 사실 남성에게는 드링크제로 익숙할 테다.

"시중에 유통되는 대형 제면 회사의 제품은 보존료나 첨가물이 상당히 복잡하게 사용되고 있습니다. 하지만 저희 회사와 거래하는 노점 라멘 가게 주인들이 사용하는 면은 아주 심플합니다."

보존료로 주로 사용되는 것은 알코올이다.

"알코올은 에탄올이라고 적혀 있는 경우가 많습니다."

손을 소독할 때 사용하는 살균용 알코올이 면의 부재료로 이용되고 있다. 이것을 물과 혼합하여 밀가루를 갤 때 사용한다.

"그 밖에 자주 사용하는 것이 젖산발효 나트륨입니다. 간스이를 섞으면 면이 알칼리성이 되어 균이 늘어나기 쉬워요. 이때 젖산발효 나트륨이 면을 산성으로 만들어 균 번식을 억제합니다."

프로필렌글리콜의 역할

식품 안전 기준에 문제가 없다고 하더라도 석유로부터 추출한 첨가물은 솔직히 꺼려진다. 그 대표적인 것이 프로필렌글리콜 Propylene Glycol이다. 면에 수분을 보충하는 재료로 쓰이는데, 면의 수분이 말라서 딴딴해지는 것을 막아 준다.

"우리도 화기 취급 관련 자격증을 따는 등 엄격하게 다루려고 노력합니다."

프로필렌글리콜이 석유 추출물이기 때문에 화기를 다루듯 유의해야 한다. 밀가루 판매도 쉬운 일이 아니다.

프로필렌글리콜의 사용량은 법적으로 정해져 있다. 일본 후생성 고시 제370호 〈식품, 첨가물 등의 규격 기준〉에 따르면 생면의 경우 사용 상한선은 2퍼센트다. 상한이 있다는 것은 이를 초과하면 큰일 난다는 의미다. 그럼 유독성은 어느 정도일까?

"마루야마 씨, 독성은 어느 정도입니까? 숟가락 한 스푼 정도 먹으면 속이 안 좋아지나요?"

"프로필렌글리콜을 살짝 핥아 본 적은 있습니다."

"핥았다고요?"

"달았습니다."

"단맛이군요."

"면에 첨가되면 쓴맛이 납니다."

"쓴맛이군요."

"독특한 맛이 있어서 먹으면 바로 압니다."

프로필렌글리콜의 맛은 독특하단다.

면발의 생생함이 오래가는 비결

프로필렌글리콜을 첨가하면 면의 수분이 쉬이 마르지 않는데 이 때문에 균이 증식하기 좋아진다. 하지만 알코올은 액체임에도 면에 흡수되면 항균제로 작용하는 덕분에 균이 증식하는 것을 막는다. 프로필렌글리콜, 알코올 등의 항균제가 함께 힘을 발휘하면서 면을 며칠간 보존시키는 것이다.

"알코올뿐이라면 1시간부터 10일, 프로필렌글리콜을 함께 넣으면 조건에 따라서 1개월까지 보존이 가능합니다. 냉장고에 보관 중인 면에 곰팡이가 생기기까지 최소 1개월은 걸리니까요."

1개월까지 보존이 가능하다면 매우 괜찮은 수준이다. 나조차도 사용할 것이다.

과거에는 과산화수소수, 요컨대 찰과상 살균에 쓰는 옥시돌oxydol로 면을 표백해서 판매한 일도 있었다. 시간이 경과해서 누렇게 변한 면도 과산화수소수로 살짝 씻으면 새로 만든 면처럼 하얗게 변하기 때문이다. 하지만 과산화수소수가 발암성 물질로서 식품 사용에 금지된 것은 1980년에 접어들어서다. 대신 등장한 것이 프로필렌글리콜과 알코올이다.

"과거에는 가게 앞 양지 바른 곳에 면을 널어놓곤 했어요. 하지만 이제 프로필렌글리콜 덕분에 그러지 않아도 됩니다."

"그렇군요. 그런데 프로필렌글리콜을 넣지 않으면 어떻게 되죠?"

"물, 소금, 간스이만 첨가한다면요? 상온에서요?"

"예."

"반나절 정도 보존이 가능해요. 그 이상 시간이 흐르면 균이 증식합니다."

아차! 새삼 깨달았다. 면은 살아 있는 존재라는 것을.

"라멘 가게 주인 입장에서 면을 소진하기까지 1~2주는 보존하고 싶어 합니다."

반나절 보존이 가능한 면을 제면 회사에서 공급받는 가게의 경우, 운송 시간을 감안하면 반드시 그날 중에 소진해야만 한다. 다음 날 장사에는 쓰지 못할 테니까. 내가 라멘 가게 주인이라면 울고 싶을 거다. 그렇기 때문에 면을 하루 이상 보존하려면 무언가 첨가물을 넣지 않으면 안 되는 것이다.

"첨가물이 면에 나쁜 영향을 끼치는 것은 아니지만 그래도 신경 쓰는 사람들이 있습니다."

확실히 첨가물을 넣지 말라는 일부 사람들의 요구를 무시하기는 힘들 것이다. 그래서일까? 최근에는 화학조미료를 사용하지 않는 가게가 늘어나고 있다……. 어라? 잠깐만! 그럼 간스이는 어떻게 되는 거지? 간스이는 식품 첨가물이 아닌가?

각 용도에 맞는 간스이를 개발하다

"'화학조미료 무첨가'를 강조하는 가게에서 주로 사용하는 것이 몽골산 간스이입니다."

여기서 몽골산 간스이는 '주식회사 기소지물산木曽路物産'의 제품 '몽고왕 간스이'를 말한다. 간스이 업계의 최고 브랜드다. 내몽골 중부의 시린골 고원에서 채굴된 탄산나트륨 결정이 '몽고왕 간스이'의 원료다.

"식품 위생법상, 천연 간스이를 만들려면 공장에서 결정을 녹여 탄산나트륨 이외의 물질을 제거하고 정제하지 않으면 안 됩니다. 그러므로 엄밀히 따지면 천연이 아닌 천연 유래라고 할 수 있죠. 그렇기 때문에 몽골산 간스이는 식품 첨가물로 취급됩니다."

'몽고왕 간스이'는 천연 유래지만 일반적으로 간스이는 공장에서 합성된다.

"'몽고왕 간스이'는 100퍼센트 탄산나트륨이지만, 다른 간스이는 탄산나트륨과 혼합되거나 용도에 걸맞게 피롤린산칼륨, 피롤린산나트륨, 폴리인산나트륨 등의 첨가물을 섞습니다."

탄산나트륨과 탄산칼륨의 성분비를 '7:3'이나 '1:3'처럼 다르게 하면 각각 다른 브랜드의 간스이를 만들 수 있다.

"우리는 탄산나트륨이나 탄산칼륨을 조정하여 여러 제품을 마련했습니다. 그리고 어떤 면을 만들 때 어떤 간스이를 쓰면 좋을지 추천하기 위해 연구하고 있습니다."

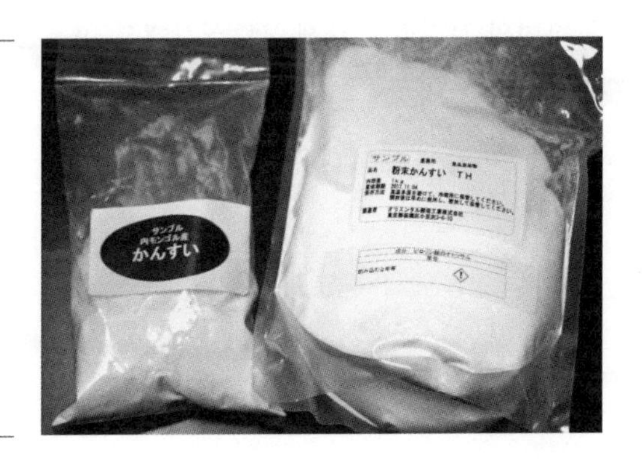

간스이는 단순한 흰색 가루로 보이지만 밀가루를 중화면답게 만들어 주는 마법의 가루다.

하지만 탄산나트륨만으로는 부족하다. 다른 첨가물과 조합하면 면의 특징이나 식감이 달라진다.

"탄산나트륨과 탄산칼륨만으로 채울 수 없는 향이나 풍미가 있습니다. 그 부분을 피롤린산나트륨이나 폴리인산나트륨, 메타인산 등으로 채웁니다."

탄산나트륨과 탄산칼륨 이외의 첨가물은 수 퍼센트 정도 들어갈 뿐이지만 풍미에 상당한 영향을 끼친다.

"탄산나트륨과 탄산칼륨만 넣은 간스이는 특유의 암모니아나 유황 냄새 같은 알칼리성 냄새를 없애지 못해요. 하지만 피롤린산나트륨 등을 섞으면 냄새가 나지 않는 면을 만들 수 있습니다."

또 피롤린산나트륨 등을 얼마나 첨가하느냐에 따라 간스이의 효과를 강화시킬 수 있다. 그러므로 효율적으로 사용하면 간스이의 사용량도 줄일 수 있는 것이다.

간스이의 효과

중화면의 감칠맛은 냄새, 색, 식감에서 비롯된다. 이것이 없으면 라멘이라고 부르기 힘들다. 이 3요소를 이끌어 내는 것이 간스이다. 간스이의 효과는 다음과 같다.

- ✓ 독자적인 발색
- ✓ 독특한 향 더하기
- ✓ 보습력 향상

- ✓ 부패와 변성 방지
- ✓ 밀가루의 글루텐을 높임으로써 식감 향상

소금은 면발 속 단백질을 응집시키는 효과가 있지만 간스이가 가진 다른 효과는 없다. 그러므로 우동 면과 중화면은 식감과 외관이 서로 전혀 다른 것이다.

회사는 고객의 면 주문에 따라 알맞은 밀가루와 간스이를 선택한다. 하카타 라멘처럼 가늘고 오도독오도독한 저가수율의 면을 주문하면, 가늘어도 식감이 강해지도록 밀가루에 강력분을 섞는다. 그리고 탄산나트륨 비율이 높은 간스이를 사용한다. 탄산칼륨은 발색을 위한 것이므로, 하카타 라멘처럼 색이 하얀 면에는 맞지 않기 때문이다.

또 저가수율 면은 탄산나트륨 비율이 높은 간스이와 상성이 좋다. 물을 적게 쓰면 밀가루 맛이 강해지고 삶는 시간도 짧아진다. 삶는 시간이 짧으면 간스이가 면에 배어 있는 채로 먹게 되므로 간스이 냄새가 덜 나는 게 좋다. 그래서 탄산나트륨이 제격이다.

"탄산나트륨과 탄산칼륨은 좋든 나쁘든 중화면의 3요소를 강하게 이끌어 냅니다. 여기에 다른 첨가물을 더해서 밸런스를 조절해 맛있는 면을 만드는 거지요."

간스이를 질색하는 사람들

간스이는 첨가물, 그것도 공업품이다. "간스이를 싫어하는 사람이 있습니다"라고 효혼 씨는 말했다. 그리고 마루야마 씨도 이렇게 말했다.

"간스이를 넣은 면은 소화가 잘 안 된다고 생각하는 사람들이 있습니다. 우동은 부드럽지만 라멘은 단단해서 상대적으로 소화가 잘 안 된다는 논리죠."

뭐, 우동에 비해서 면이 단단하긴 하지.

"그리고 우동 면이 중화면보다 염도가 높습니다."

"미카와야제면을 방문했을 때 들은 바 있습니다. 면만 따지면 우동에 염분이 더 많다고요."

"중화면은 간스이를 사용하기 때문에 우동 면보다 염분이 적은 겁니다."

"염분도 신경 쓰이는 요소죠."

"간스이는 알칼리성이므로 간스이 대신 탄산수소나트륨으로 라멘의 면을 만들 수도 있습니다."

"탄산수소나트륨 용액을 활용해 파스타 면을 라멘 면으로 변신시키는 살림 노하우가 있었죠. 그것과 같은 원리군요?"

"이 설명을 강연회에서 들려주면 모두 놀랍니다. 왜냐하면 모두들 간스이는 해로운 것, 탄산수소나트륨은 이로운 것이라고 말했으니까요. 이처럼 잘못된 정보와 선입견의 힘은 정말 대단합니다."

이 견해에 나도 동의한다.

수수께끼의 단위, 보메도

제면 업계에서 사용하는 '보메도Baume degree'라는 단위가 있다. 우동을 먹을 때 자주 볼 수 있다. 면을 만들 때 밀가루와 섞어 주는 물을 일명 준비용 물이라고 하는데, 간스이를 녹인 물을 사용한다. 이때 간스이의 농도를 나타내는 단위가 바로 보메도다.

"체온계를 닮은 보메 비중계라는 측정기를 사용해서 보메도를 측정합니다."

보메도가 높으면 그만큼 간스이의 농도가 높고 보메도가 낮을수록 농도도 낮다. 냉수 18리터에 간스이 900그램을 녹이면 보메 7도가 된다. 마찬가지로 18리터에 600그램을 녹이면 보메 5도가 된다. 18리터에 중간인 750그램을 녹이면 보메 6도다. 기온이 높은 여름에는 보메도 수치가 높아지고, 기온이 낮은 겨울에는 보메도 수치가 낮아진다.

"면을 직접 만드는 라멘 가게의 경우, 보메 3도 정도로 연하게 사용합니다. 간스이의 맛이나 향이 국물을 방해하지 않도록 연하게 사용하는 것입니다."

중화면의 특급 재료

중화면에 들어가는 재료는 식품 첨가물 외에도 몇 가지 더 있다. 가령 타피오카는 냉동 면과 튀김에 사용되는데 쫄깃쫄깃한 식감을 낸다. 쌀가루나 감자의 녹말가루, 옥수수 전분도 마찬가지다.

"이것들은 츠케멘용 면에 자주 사용됩니다. 밀가루 대비 10퍼센트 이상 들어가면 효과가 두드러지죠. 하지만 감자의 녹말가루만으로 만든 냉면은 아무 맛도 안 나요. 튀김도 마찬가지고요. 밀가루 맛을 즐기는 게 츠케멘의 묘미인데 녹말가루만 사용하면 특유의 풍미를 잃어버리고 말죠."

또 투명도가 높아지기 때문에 면의 만듦새가 볼품없어진다.

중화면에 들어가는 식품 첨가물 중에는 밀의 단백질인 글루텐만 추출한 분말 제품도 있다.

"이 제품을 반죽에 넣으면 탄력이 강해집니다. 밀가루의 힘을 더욱 증강시킨다고나 할까요. 그래서 탄력적인 면을 만들기 위해 글루텐을 더합니다. 면의 탄력이 약하면 국물 맛에 묻혀 버리고 마니까요."

밀이 밀가루가 되기까지

"쌀은 탈곡해서 겉껍질을 벗겨 내지만 밀은 그게 불가능합니다."

쌀의 중심부는 단단하고 겉껍질은 부드럽다. 밀은 반대로 속이 부드럽고 겉이 단단하다. 그래서 겉껍질만 벗기려 하면 알맹이가 으깨지고 만다.

"게다가 겉껍질 안쪽에 호분이라 불리는 껍질이 한 겹 더 있어요. 그래서 겉껍질만 벗겨 내는 게 어렵지요."

그래서 과거에는 밀알을 통째로 제분하고 그 뒤에 체로 걸러 껍질을 걸러 냈다. 이렇게 처음 체로 걸러 얻은 밀가루를 '첫 번째 밀', 체에 걸러진 찌꺼기를 한 번 더 분쇄한 후 체로 쳐서 얻은 밀가루를 '두 번째 밀'이라고 불렀다. 하지만 현재는 특등급, 1등급, 2등급으로 나뉜다. 가루를 낸 부분이 밀의 중심에 가까울수록 등급이 높아진다.

"수박도 중심부로 갈수록 달고 껍질에 가까운 바깥쪽은 풋내가 나잖아요? 마찬가지로 밀가루도 중심 부분을 가루로 낸 1등급은 하얗고 맛있고, 껍질에 가까운 부분으로 만든 2등급은 거뭇하고 맛이 떨어집니다."

밀 껍질을 벗기는 방법에 따라 맛이 달라지는 것이다. 2등급 밀가루는 기본적으로 거의 맛과 향이 없지만 그래도 제분 방법이나 품종에 따라 어느 정도의 풍미가 생긴다.

"하지만 밀에 열을 가하면 풍미가 날아갑니다. 그래서 열이 가해지지 않도록 맷돌로 껍질을 벗긴 밀은 향이 좋습니다. 그것을 제분한 밀가루의 향도 상당히 좋고요."

품종이나 껍질 벗기는 방법에 신경 쓴다면 밀가루 특유의 풍미를 살린 면을 만들 수 있다.

일본산 밀의 맛

일본산 밀의 가치와 제분 회사들의 일본산 밀에 대한 평가는 별개의 문제다.

"애초에 제분 회사들은 일본산 밀을 선호하지 않습니다. 외국산 밀보다 단백질 함유량이 떨어지거든요. 또한 찰기 때문에 튀김이나 면을 만들 때 작업 효율도, 생산 효율도 떨어집니다."

물론 부정적인 평가만 있는 것은 아니다. 오늘날 일본산 농작물의 이미지는 좋다. 일본산 밀은 단맛이 강한데 소비자들은 그것을 감칠맛으로 여기고 맛있다고 생각한다.

"일본산 밀은 밀가루 본연의 맛을 낼 수 있어 모두 좋아합니다."

미카와야제면 관계자의 설명에 따르면 일본산 밀로 만든 밀가루가 맛있는 이유는 밀알의 중심부에서 조금 바깥쪽 부분까지 사용해 1.5등급 밀가루를 만들기 때문이다. 그러면 껍질의 쓴맛이 섞여 풍미가 더해지고 품종에 따라 밀 자체가 가진 단맛도 풍부하게 느껴지게 된다.

참고로 라멘지로에서 사용하는 '오션オーション'이라는 브랜드의 밀가루는 2등급 가루다. 라멘지로에서 사용하는 면이 연한 황색을 띠는 이유는 껍질 부분이 많이 함유된 2등급 가루를 사용하기 때문이다. 이 사실은 라멘지로의 열렬한 팬을 일컫는 '지로리안'에게도 잘 알려져 있다. '오션'은 비교적 저렴하며 소바 가루 반죽에 찰기를 더할 때 섞거나 빵을 만드는 강력분으로 사용된다.

"라멘지로의 라멘 양은 원래 평범했는데, 단골 학생들이 더 많은 양을 원해서 푸짐한 스타일이 됐다고 합니다."

이처럼 라멘은 다양한 방향으로 진화한다.

밀 껍질의 변신

2등급 가루를 만드는 밀알 부분보다 더 바깥쪽, 통상 찌꺼기로 버려지는 겉껍질을 '브랜bran'이라고 한다. 최근 저당질 식품 붐이 일면서 브랜이 다양하게 쓰이고 있다.

"쿠키나 비스킷을 만들 때 밀 껍질 부분을 반죽에 넣어 당 함유량을 떨어뜨립니다. 밀 껍질은 쓴맛이 나지만 구우면 고소한 맛으로 변하지요."

브랜으로 만든 음식은 면처럼 삶으면 쓴맛이 남는다. 그래서 2등급 밀가루나 껍질과 배아를 분리하지 않고 통으로 제분한 전립분은 많이 사용하지 않았다. 그러나 건강에 대한 관심이 높아지면서 이들을 사용하는 가게가 늘고 있다. 미카와야제면 관계자의 설명처럼 쓴맛을 맛있다고 느끼는 사람이 많아졌기 때문이다. 다만 밀 껍질이나 전립분이 쓰이는 비율은 밀가루 대비 수 퍼센트뿐이다.

효혼 씨는 전립분만으로 면을 만들어 보았다고 한다.

"맛이 써서 먹을 수가 없었습니다."

마루야마 씨도 다음과 같이 말했다.

"크레파스를 먹는 느낌이었어요."

도대체 얼마나 고약한 맛이기에 그럴까?

"밀이 그렇게 악취가 심하고 맛이 고약하다는 것을 새삼 깨달았어요."

배아는 밀 껍질과 함께 찌꺼기로 버려진다.

"하지만 배아는 영양소가 많아 주목받고 있죠."

건강에 좋다고 현미가 주목받은 것과 마찬가지로 밀의 배아나 껍질도 새롭게 이용되고 있는 것이다. 본래 버리거나 가축의 먹이로만 쓰일 뿐이어서 원가도 낮았는데, 건강에 좋다고 하니 비싸게 팔린다. 마치 건강 보조제와 같은 구도다.

물에 헹구면 더해지는 탄력

삶은 면을 물로 씻으면 탱글탱글해진다. 집에서 츠케멘용 면을 삶은 뒤 물로 씻으면 손가락에 착 감기듯 면이 탱탱해지는 것을 알 수 있다. 이는 무엇 때문일까?

"면의 표면이 열에 의해 녹아내리기 때문이지요. 면의 식감에 영향을 주는 것은 밀의 단백질 성분인 글루텐입니다. 그런데 이 글루텐을 전분질이 감싸고 있지요. 전분은 열에 약하므로 삶으면 붕괴되고 맙니다. 이때 면을 물로 씻으면 붕괴된 전분이 씻겨 나가고 글루텐만 남아 면이 매끈해지고 탱글탱글해집니다."

밀가루로 껌을 만드는 간단한 실험을 예로 들 수 있겠다. 밀가루를 뜨뜻한 물에 개면 전분이 빠져나가고 글루텐만 남게 되는데, 삶은 면을 물로 씻어서 탱글탱글하게 만드는 것도 이 실험의 원리와 같다.

자가제면의 유행으로 면을 직접 만드는 게 좋다고 여기는 추세지만 중화면의 경우는 꼭 자가제면이 좋다고 단정할 수 없다.

"물과 밀가루가 완전하게 섞이는 것, 즉 수화水和를 통해 글루텐을 형성시켜야 하는데 이때 시간이 걸립니다."

즉 중화면은 숙성이 필요한 것이다.

"반죽 상태로 숙성시키든, 면으로 만들어 숙성시키든 상관없습니다. 다만 물과 밀가루가 수화되려면 시간이 걸립니다."

글루텐이 더 많이 형성되고 탄력도 생기기 위해서는 숙성을 꼭 거쳐야 한다.

국물 맛을 해치지 않으면서 어우러지기

결국 맛있는 면이란 무엇일까? 마루야마 씨는 개인차가 있을 거라며 운을 뗐다.

"국물과의 밸런스, 전체 분량의 밸런스, 삶는 법이 중요합니다. 가령 1분 동안 삶아야 하는 면을 30초 만에 내면 미지근한 면발이 국물을 안쪽까지 많이 흡수합니다. 면에 국물 맛이 배는 거지요. 하지만 면에 함유되어 있는 간스이가 국물에 녹아 나오게 됩니다. 그러면 국물은 본래보다 간스이의 맛과 향이 더 나게 됩니다."

면 삶는 시간이 짧으면 국물에서는 간스이 향이 나게 되고 면에는 국물이 밴다. 반대로 면 삶는 시간이 길면 국물 맛은 변하지 않지만 면발에 국물이 배지 않는다.

"면을 삶는 시간이 길어지면 씹는 맛이 사라지므로 꼬들꼬들한 면을 선호하는 사람은 오래 삶은 면을 싫어합니다. 하지만 부드러운 쪽을 선호하는 사람은 좋아하겠죠. 그런 사람들은 기타카타 라멘을 좋아합니다."

하카타 라멘에 쓰이는 면은 뜨거운 물에 살짝 담갔다 빼는 정도로 삶아야 한다. 면을 익히는 정도에 따라 단계가 있는데 그중 '바리카타(매우 꼬들꼬들한 정도)'나 '고나오토시(바리카타보다 더 꼬들꼬들한 정도)'가 인기다. 하카타 라멘에 쓰이는 면은 탄산나트륨이 주성분인 간스이를 이용하는데, 이 간스이는 비교적 냄새가 적어서 국물의 향과 잘 어우러지기 때문이다.

"저 같은 경우 라멘 가게에서 주문할 때 면은 부드럽게 삶아 달라고 합니다(일본의 라멘 가게에서는 면의 삶은 정도, 국물 양, 고명 양을 조절할 수 있다—옮긴이). 그리고 전문점의 라멘은 밥과 잘 어울려요. 라멘은 반찬으로서도 훌륭하죠. 저는 주문한 라멘이 나오면 고명과 국물만으로 밥을 먼저 먹습니다. 이때 면의 삶은 정도가 꼬들꼬들하다면 면이 국물을 빨아들이고 대신 국물에는 간스이 맛이 섞여 맛이 죽습니다. 그러면 맛집의 돈코츠 국물도 소용없게 되지요. 그래서 면을 부드럽게 삶아 달라고 주문하는 겁니다."

이런 깊은 뜻이 있었다니, 기억해 둬야겠다. 라멘 가게에서 주문할 때 밥과 함께 먹으려면 면은 부드럽게 삶아 달라고 하자. 그래야 간스이가 국물에 섞여 들지 않고 면도 퍼지지 않는다.

라멘의 면이란 참 재미난 것이라고 생각했다.

온도에 따라 달라지는 라멘의 맛

한 라멘 가게 주인이 간편하게 먹으려고 만든 식사로 시작하여 지금은 라멘과 어깨를 나란히 할 정도로 대중적인 인기를 얻고 있는 츠케멘. 삶은 뒤 물로 식힌 면을 뜨뜻한 츠케지루에 담가 적셔 먹는 음식이다. 일본 소바의 영향을 받은 이 스타일은 뜨거운 라멘에 익숙한 사람들에게 새로운 미식 체험을 제공한다. 라멘의 아류처럼 보이기도 하는 츠케멘에 사람들은 왜 매료되었을까? 그 배경에는 맛과 온도, 미각의 밸런스를 둘러싼 과학적 원리가 있었다.

나는 츠케멘을 모른다

나는 츠케멘의 매력을 몰랐다. 지금은 메뉴에 츠케멘이 없는 가게가 드문데도 나는 이상하게 알지 못했다. 하지만 지금은 잘 알고 있다. 확실히 츠케멘은 맛있다.

츠케멘을 처음 먹은 것은 가게 이름도 기억나지 않을 만큼 아주 오래전이었다. 물로 식힌 면을 츠케지루에 담갔을 때 그 미묘한 미지근함이 못마땅했다. 면발이 두껍기 때문에 츠케지루(소바 쯔유처럼 면과 함께 나오는 국물—옮긴이)가 금방 식는 것이다. 그 미지근함 때문인지, 모호한 맛 때문인지 분명하진 않지만 어쨌든 못마땅했다. 맛이 있고 없고를 따지기 전에 뜨겁거나 차갑거나 어느 쪽으로든 확실했으면 좋겠다고 생각했다. 요리란 그래야 하는 것 아닌가? 그런데 미지근하다니 이게 대체 뭔가 싶었다.

츠케멘의 첫인상이 그랬기 때문에 오랫동안 다시 먹을 생각은 하지 않았다.

그런데 최근에 아츠모리를 파는 가게가 늘었다. 츠케멘이 차가운 면을 낸다면, 아츠모리는 따뜻한 면을 낸다. 한번 먹어 보았는데 미지근한 것보다 나았다. 하지만 만족스럽진 않았다. 이 정도 맛이면 일반 라멘을 먹는 게 낫지 않나 싶었다. 면이 두껍고 뜨거워서 맛이 반감되는 듯했다.

'추카소바 토미타中華蕎麦 とみ田'라는 가게를 알게 된 것은《왜 사람들은 4시간이나 '토미타'에 줄을 서는 걸까?: 일본에서 가장 길게 줄을 서는 라멘 가게의 비상식 경영 철학》이라는 책을 통해서다. 4시간이나 줄을 서야 하는 라멘 가게라고? 4시간이나 기다려야 먹을 수 있는 라멘은 도대체 어떤 라멘일까? 인터넷으로 조사해 보니 트라이 라멘 대상도 수상했고, '엄청나다' '대단하다' '초超'라는 수식어가 붙은 맛집이었다.

그 책에 의하면 토미타 가게가 처음 문을 연 것은 2006년이다. 이후 파죽지세로 성장해 10억 엔의 연매출을 기록하는 초우량 기업이 되었다. 치바 현 마쓰도 시를 중심으로 점포를 늘렸는데 프랜차이즈 방식이 아닌 직영점 방식으로 관리하고 있다. 그리고 토미타 하면 역시 츠케멘이다.

츠케멘의 원조는 동이케부쿠로에 위치한 가게 '타이쇼켄東池袋大勝軒'이었다. 그곳의 전설적인 주인, 고故 야마기시 가즈오山岸一雄 씨가 장사를 준비하면서 먹던 식사를 단골손님들이 함께 먹으면서 처음 대중에 알려지게 되었다. 츠케멘이라는 새로운 장르의 라멘

이 단 하나의 가게에서 시작된 점, 야마기시 씨를 따르는 사람들에 의해 알려지고 개량되면서 지금까지 널리 사랑받는 메뉴가 되었다는 사실이 놀랍다. 그의 제자 다시로 코지田代浩二 씨가 대표 이사로 있는 '멘야코지그룹麺屋こうじグループ'의 계열 점포는 100개가 넘는데 추카소바 토미타도 그중 하나다.

츠케멘이 널리 알려지고 사랑받게 된 데에는 이유가 있을 것이다. 나도 납득할 만한 이유가 말이다. 그것을 밝히기 위한 여정의 첫 순서는 타이쇼켄이겠지만, 야마기시 씨가 세상을 떠난 후 그 맛은 제자들에 의해 이어지고 있다. 토미타 역시 직계 제자의 가게 중 하나인데 가장 빼어나다는 평가를 받고 있다. 츠케멘이 현재의 스타일이 된 이유를 알아내기 위해서는 토미타를 찾아가 먹어 보는 것이 가장 틀림없을 것이다.

그런 연유로 치바 현 마쓰도 역에 내렸다. 4시간을 기다릴 각오로. 아침 9시부터 기다리기 시작해서 결국 토미타의 츠케멘을 먹을 수 있었다.

내가 크나큰 오해를 하고 있었구나, 나는 충격을 받았다. 왜냐하면 츠케멘은 미지근하지 않으면 안 되기 때문이었다.

그래서 츠케멘을 먹으러 가다

아침 7시 반에 집을 나섰다. 여러 번의 환승을 거쳤고 도착한 역에서부터 가게까지 걸었다. 토미타에 도착한 것은 아침 9시, 그날은 평일이었다.

주택가의 한 구석에 위치한 가게는 오픈 전이라 어두웠고 가게 주변에는 아무도 없었다. 조심스럽게 가게 안을 들여다보니 젊은 점원이 인기척을 듣고 나왔다. 식권을 사라고 해서 가장 기본인 놈부터 먹어 보자는 생각으로 '츠케소바'를 선택했다.

점원에게 식권을 전달했더니 "이 시간에 맞춰 오시기 바랍니다. 늦으면 취소 처리됩니다"라면서 티켓을 내주었다. 티켓에 적힌 시간은 13시 55분이었다. 4시간은 각오했지만 5시간을 대기하라고 해서 살짝 충격을 받았다. 오늘은 평일이니까 3시간 정도만 기다리면 될 것이라고 멋대로 단정한 터라 더 충격이었다.

내가 도착하기 전에 도대체 몇 사람이나 온 거지? 아침 7시부터 주문을 받는다지만 9시가 되기도 전에 수십 명의 사람이 벌써 가게에 왔다는 것인가? 게다가 기다리는 동안 영화나 한 편 봐야겠다고 계획했는데 막상 시간이 애매했다. 극장에 다녀오기 빠듯할 것 같았다. 내게 주어진 시간에 맞는 러닝 타임은 마법 소녀가 나오는 애니메이션이라 별로 보고 싶지도 않았다. 어쩔 수 없이 역 근처 술집에서 맥주를 마시기로 했다.

이런 고민을 하는 동안 스스로 한심한 생각이 들었다. 그렇지만 아침 9시 30분부터 맥주를 찾는 사람이라면 한심할 것도 없다. 더욱이 자리를 잡은 술집의 좌석은 절반 이상이 손님들로 차 있었다. 다들 왕성하구나!

4시간 후, 토미타로 돌아갔다. 예약 시간 10분 전에 도착했는데 이미 출입구 벽면을 따라 7~8명이 서 있었다. 이것은 열정일까, 집념일까. 기다리는 동안 비가 쏟아져서 옷이 젖었는데 아무도 불

평하지 않았다. 모두 대단했다.

그렇게 드디어 내 차례가 되었다. 자리에 앉아 벽에 붙어 있는 메뉴판을 보았다.

> 츠케소바를 주문한 고객에 한하여 입가심용 국물, 스프와리를 제공합니다. 세토 우치 멸치를 사용한 담백한 국물입니다.

스프와리는 소바를 먹은 후 마시는 소바유에 해당하는 걸까? 츠케멘에 익숙한 사람들은 상식인지 몰라도 나는 처음이라 신기했다. 벽면에는 타이쇼켄의 야마기시 씨의 사인도 붙어 있었다.

> 마쓰도에서만 만끽할 수 있는 탁월한 맛,
> 특대 사이즈로 즐기는 강렬한 소바의 맛!

이런, 실수했다. 특대로 시켰어야 하는 건데.

어쨌든 기다리고 기다렸던 츠케소바가 나왔다. 우동으로 착각할 만큼 굵은 회색 면, 해산물로 낸 농후한 국물, 2종류의 큼직한 차슈가 어우러져 있었다. 사람들의 라멘 후기에는 '면이 잘났다'는 평이 많았다. 면이 예쁘겠거니 가볍게 생각했는데 실제로 보니 '과연 잘난 면'이라는 말이 절로 나왔다. 그만큼 맛있다는 의미다. 츠케멘은 면이 국물과 따로 나오기 때문에, 면의 아름다운 외관은 분명 식욕을 자극하는 한 요소일 것이다. 예쁘게 담긴 토미타의 면은 반짝반짝 윤기가 난다. 사진발을 잘 받는 면이다.

뜨거운 츠케지루에 면을 담갔다. 그리고 내가 싫어하는 미지근한 온도의 면을 그대로 호로록 호로록 빨아들였다. 음? 뭐지 이건? 마치 겹겹이 쌓여 있던 맛의 캡슐이 깨지는 것 같았다. 맛이 혀의 안쪽까지 확 퍼지면서 입안에 가득해졌다. 덕분에 식욕이 맹렬하게 솟구쳤다. 맛있다, 맛있다! 정말 맛있다!

비로소 츠케소바라고 불리는 이유를 알았다. 정말 소바인 것이다. 일본 소바 한 그릇에 견줄 만한 라멘 소바 한 그릇이다. 일본 소바는 소바 자체의 풍미를 즐기지만 츠케소바는 감칠맛을 즐긴다.

츠케지루는 너무 진해서 이것만 마시기는 힘들다. 해산물 가루도 까끌까끌 씹혀서 너무 거칠다. 면에 적셔 먹어야 츠케지루의 불편한 식감이 중화되어 감칠맛을 제대로 즐길 수 있다. 감칠맛을 최대화시키기 위해 일본산 밀을 사용한 굵은 면을 선택했으리라. 가는 면은 농후한 감칠맛에 묻혀 버릴 것이다. 감칠맛이 불러오는 짠맛과 단맛도 그대로 스쳐 지나가 버릴 것이다.

또 가는 면은 시간이 흐르면 수분이 증발해 쉽게 굳어 버린다. 그래서 가는 면은 츠케멘으로 내지 않는다. 최근에는 감칠맛을 더하고 면이 엉키는 것을 방지하기 위해 다시마 육수에 적신 면을 내는 츠케멘도 등장했다. 이른바 '히야시추카冷やし中華' 방식이다.

지금까지 내가 먹은 츠케멘은 너무 미지근했다. 면을 담그면 담글수록 츠케지루도 눈 깜짝할 사이에 식어 버렸기 때문이다. 하지만 토미타의 면은 상온이 유지되고, 츠케지루는 기름 층이 있어 식는 것을 막아 준다. 덕분에 일반적인 라멘보다는 낮지만 체온보다는 높은 온도로 츠케멘을 즐길 수 있다. 그리고 이 온도가 끝까지 유지된다.

나는 이 온도와 감칠맛이 관계가 있을 거라고 생각했다. 일반 라멘보다 낮고 체온보다 조금 높은 온도가 꽉 찬 감칠맛을 이끌어내는 비결이 아닐까? 토미타의 츠케멘이 이상적인 츠케멘이라면, 말도 안 되게 진한 감칠맛을 즐길 수 있는 최적의 온도를 적용한 면 요리라고 할 수 있겠다.

적정 온도와 최상의 맛

맛은 불가사의하다. 커피는 쓰지만 설탕을 넣으면 어떻게 되는가? 쓴맛은 연해지고 단맛이 앞서서 느껴진다. 커피의 쓴맛 성분이 변한 게 아니다. 성분 분석을 하면 쓴맛과 단맛 성분이 모두 들어 있다고 나올 것이다. 하지만 어째서인지 쓴맛은 크게 느껴지지 않는다. 그래서 맛 전문가인 스즈키 류이치鈴木隆一 씨는 감각의 객관적인 정량화가 어렵다고 말했다.

그는 주식회사 'AISSY'의 대표 이사이자 인간의 미각에 가까운 감각을 장착한 센서 '레오'의 개발자다. '레오'는 인간의 신경을 본뜬 뉴럴 네트워크neural network형 컴퓨터를 이용해 관능검사와 감각 수치를 학습한다. 인간과 마찬가지로 커피에 설탕을 넣으면 쓰지 않다고 감지하는 미각 센서인 것이다.

'레오'의 성능은 상당히 뛰어나다. 블루 하와이, 딸기, 멜론 맛 등 여러 종류의 빙수 시럽이 사실은 전부 같은 맛이라는 것을 간파했다. 또한 슬플 때 흘리는 눈물은 짜고, 화날 때 흘리는 눈물은 시고, 기쁠 때 흘리는 눈물은 달다는 사실도 발견했다.

스즈키 씨는 라멘을 주제로 강연할 정도로 라멘에 빠져 있다. 그는 학창 시절에 대학가의 인기 없는 라멘 가게를 재정비하여 되살려 낸 적이 있을 정도로 라멘 가게의 사정에 밝다. 이처럼 라멘에 정통한 맛 전문가라면 온도와 맛의 관계에 숨겨진 비밀을 잘 알려줄 것이다.

"미각에는 단맛, 짠맛, 쓴맛, 신맛, 감칠맛, 이렇게 5가지 맛이 있습니다. 이 중에 짠맛과 신맛을 내는 성분은 이온(맛 성분이 전자를 띤 상태)입니다. 짠맛은 나트륨이온이고, 신맛은 수소이온이지요. 둘 다 온도 의존성은 높지 않습니다. 하지만 단맛, 쓴맛, 감칠맛 분자는 온도에 따라 미뢰에 작용하는 활성도가 달라집니다. 온도 의존도가 높죠."

온도에 따라 바뀌는 맛이 있다고?

"중요한 점은 모든 맛이 온도에 의존하는 건 아니라는 점입니다. 똑같은 기준으로 온도에 따라 달라진다면 간단하겠죠. 최고의 맛을 느낄 수 있는 적정 온도가 동일하거나, 뜨거워지면 똑같이 맛을 느끼기 어려워질 테니까요. 하지만 실제로는 그렇지 않아요. 짠맛과 신맛은 온도가 달라져도 맛은 거의 변하지 않습니다."

✔ 짠맛과 신맛은 온도에 따른 변화가 없다.

✔ 단맛, 쓴맛, 감칠맛은 온도에 따라 변화한다.

그래서 온도에 따라 달라지는 맛과 달라지지 않는 맛을 조합한 요리는 온도에 따라 그 맛이 변화할 수 있는 것이다.

온도가 좌우하는 맛의 밸런스

"사람은 기본적으로 체온에 가까운 맛일수록 강하게 느낍니다. 미지근해진 아이스커피와 주스는 달콤하잖아요? 차가우면 맛이 강하지 않지만 상온에 가까워지면 맛이 강해지는 것이죠."

청량음료와 아이스크림의 경우, 단맛이 매우 강하기 때문에 맛의 밸런스 자체는 별로 변하지 않는다. 단순히 더 달콤해질 뿐이다. 미각 센서 '레오'로 섭씨 5도, 10도, 15도, 20도의 오렌지주스의 맛을 각각 측정하여 분석한 결과, 온도가 올라감에 따라 단맛이 강해졌다.

또한 복숭아의 맛과 온도도 상관관계가 있다. 5~25도 사이 복숭아의 맛을 각각 조사해 보니, 온도가 올라감에 따라 단맛이 증가하고 반대로 신맛은 줄어들었다. 신맛 자체가 변한 것이 아니라 단맛이 강해짐에 따라 신맛이 억제되었다고 보는 게 정확하다. 이러한 현상을 맛의 억제 효과라고 한다. 커피의 쓴맛이 설탕의 단맛에 가려지는 것도 마찬가지다.

이처럼 맛은 단순하지 않다. 과일을 수돗물에 담가 살짝 차갑게 해서 먹으면 더 맛있다거나, 냉장고에서 잠시 꺼내 놓아 찬기를 식힌 다음에 먹으면 좋다는 말이 있잖은가? 이는 그 온도에서 과일의 단맛이 가장 강해진다는 것을 경험으로 체득했기 때문이다.

"라멘의 경우, 짠맛과 감칠맛이 아주 강하지요. 거기에 단맛이나 신맛이 얼마나 포함되어 있는지는 라멘 종류에 따라 다르겠지만 기본적으로 짠맛과 감칠맛이 라멘의 맛을 주도하죠."

짠맛의 강도는 온도의 변화에도 달라지지 않지만 감칠맛의 정도는 온도에 따라 변한다. 음식의 온도가 내려가면 짠맛은 그대로지만 감칠맛은 약해지므로 점점 짜게 된다. 그러나 온도가 체온에 가까울수록 감칠맛이 잘 느껴진다. 음식이 너무 뜨거우면 맛을 알기 어렵다.

우리는 입안 온도, 즉 구강 내 온도가 30도 이하로 내려가면 단맛과 감칠맛을 인지하지 못한다. 하지만 음식 온도가 체온에 가까우면 쉽게 느낄 수 있다.

"짠맛과 감칠맛의 밸런스는 온도에 따라 달라집니다. 그래서 같은 라멘이라도 온도에 따라 맛이 다르게 느껴지는 거죠. 정말 훌륭한 라멘이라도 미지근해지면 맛이 없습니다. 온도 때문에 맛의 밸런스가 변했기 때문이죠."

생선가루로 낸 츠케지루의 농후한 맛은 낮은 온도에서 충분히 느낄 수 있도록 연구된 결과다. 그러므로 일반 라멘처럼 뜨겁게 만들면 츠케멘의 맛도 달라질 수밖에 없다.

그제야 수긍이 갔다. 내가 따뜻한 면에 대해 위화감을 느낀 것은 온도에 따른 맛의 변화를 무시한 탓이다. 바로 미지근한 온도에 최적화된 츠케멘을 뜨겁게 먹은 탓이었다.

감칠맛을 더하면 벌어지는 일

그렇다면 무작정 감칠맛을 더하면 더 맛있어질까? 그렇지도 않다.

"감칠맛을 더할수록 맛있어진다면 글루탐산을 더 넣는 게 좋겠지요. 하지만 1가지 맛이 두드러지면 전체적으로 맛없어집니다. 단백질 맛만 난다든가 하는 것처럼요. 케이크는 단맛이 두드러지지만 과일의 신맛도 함께하죠. 밤으로 만든 몽블랑에는 밤의 쓴맛도 나고요. 보통 소금이나 설탕만 먹진 않잖아요."

감칠맛도 마찬가지다. 감칠맛 성분만 늘려서는 요리가 맛있어지지 않는다.

"짠맛이나 단맛에 맛의 포인트를 줄 수 있는 신맛이나 쓴맛이 작용하면 훌륭한 결과가 나타납니다. 라멘 업계는 경쟁이 치열하기 때문에 다들 감칠맛을 내는 데 최선을 다하는 느낌입니다. 하지만 탁월한 맛이라는 평가의 바탕에는 참신함이 있죠. 인기몰이를 하는 가게는 한 번 선보인 맛이라도 세심하게 변화를 주어 바꿔 갑니다."

라멘 국물에도 고전적인 닭고기부터 대합, 바지락, 도미, 꽁치, 메기, 게, 오리, 소고기 등 실로 다양한 재료를 쓴다. 4~5종류의 육수를 섞어서 국물로 내는 가게도 있다.

"맛은 무한하기 때문에 결국 돌고 도는 것이라고 생각해요."

맛의 대비 효과와 억제 효과

감칠맛을 강화하면 짠맛이 억제되는 효과의 메커니즘은 무엇일까?

"뇌의 착각이에요. 이를 맛의 대비 효과라고 합니다."

수박에 소금을 치면 달콤해진다. 단맛을 더한 것도 아닌데 단맛이 강해지는 것이다. 이것이 '맛의 대비 효과'다. 2개 이상의 맛이 섞인 경우 한쪽 혹은 양쪽의 맛이 모두 강해진다. 또 다른 맛의 효과로는 단맛으로 신맛을 억제하는 원리의 '맛의 억제 효과', 감칠맛과 감칠맛을 더하면 맛이 몇 배나 좋아지는 '맛의 상승 효과'가 있다.

"인간의 미각은 쉽게 착각합니다. 사실 여러 종류의 빙수 시럽은 모두 같은 맛이지만 첨가된 향료와 색상 때문에 각각 다른 맛이라고 착각하죠. 또한 감칠맛이 강해지면 염분 때문이라고 착각하는 경우도 있고요."

게다가 감칠맛이 너무 과도하면 오히려 맛없어진다.

"본래의 맛에 대비 효과와 억제 효과가 더해져서 높은 수준의 밸런스를 이루면 아주 맛있어집니다. 그리고 분명한 건 신맛과 쓴맛은 좋은 맛을 더 두드러지게 만듭니다."

튀김에 레몬즙을 뿌리면 짠맛과 느끼함이 사라지고 맛이 깔끔해진다. 맛이 전체적으로 신맛에 수렴한 결과다. 쓴맛에도 같은 효과가 있다.

"단맛, 감칠맛, 짠맛은 일정 수준까지는 함께 상승합니다."

물론 소금이나 설탕을 너무 많이 넣으면 맛의 밸런스가 깨져서 짠맛이나 단맛만 느껴지게 된다.

"우리가 느낄 수 있는 맛의 최대치를 4라고 한다면 케이크의 단맛은 3.8 정도이므로 상당히 달다고 느낄 겁니다. 과일 케이크라면 꽤 시다고 느낄 거고요. 4라는 기준을 넘어가면 다른 맛은 느끼지 못하죠. 가장 강렬한 단맛, 신맛, 감칠맛만 느끼고 다른 맛은 억제됩니다."

스즈키 씨의 기준대로 생각해 보면 감칠맛이 짠맛을 강화하는 효과는 4까지고 그 이상 넘어가면 짠맛 자체를 느낄 수 없게 된다.

"감칠맛을 사용할 때 맛의 대비 효과가 일어나지 않도록 유의해야 합니다. 또한 억제 효과가 생길 정도로 많이 사용해서는 안 되고요."

신맛은 재빠르게 사라진다

일본인은 신맛이나 쓴맛에 대한 기호가 높은 편이라고 스즈키 씨는 말한다.

"토마토소스 파스타나 요구르트처럼 신맛이 나는 요리와 식품이 큰 인기를 얻고 있습니다. 녹차처럼 쓴맛도 인기가 있고 감칠맛과 신맛, 감칠맛과 쓴맛의 조합도 상당히 선호되고 있습니다."

이러한 기호는 라멘에도 적용될지 모른다.

"5가지 맛 중에서 신맛이 가장 먼저 느껴집니다. 물론 몇 초 정도의 차이지만요. 그리고 신맛은 금세 사라져 버리죠. 신맛은 수소이온에 의한 것인데 침에 함유된 탄산수소이온에 의해 중화되거든요. 그래서 신맛은 뒷맛이 될 수 없습니다. 단맛이나 쓴맛이 남을 수는 있어도 신맛은 금세 사라집니다."

신맛과 감칠맛을 조합하면 신맛이 없어지면서 감칠맛은 점점 강해진다. 어류 계열 맛국물이 많이 들어간 국물도 처음에는 시지만 먹는 동안 점점 맛있어진다. 우리 혀가 신맛에 익숙해져서가 아니라 생화학적 반응으로 신맛이 사라졌기 때문이다.

“토마토로 만든 면도 있잖아요? 어쩌면 맛에 포인트를 주기 위해 라멘에 녹차가 사용될지도 모르는 거죠.”

예전에 인스턴트 라멘에 인스턴트커피를 넣으면 맛있어진다는 이야기를 듣고 시도한 적이 있다. 카레에 인스턴트커피를 넣으면 맛이 좋아진다는 의견도 있다. 이런 일이 라멘에도 적용될 수 있지 않을까? 그래서 직접 실험해 보았다.

결과는 그리 나쁘지 않았다. 라멘 한 그릇에 찻숟가락으로 3분의 1 정도의 인스턴트커피 가루를 넣었더니 확실히 맛이 좋아졌다. 하지만 커피 맛은 어디까지나 포인트로 작용해야 한다. 찻숟가락 한술이면 양이 너무 많아서 커피 맛 라멘이 돼 버린다. 알 듯 모를 듯한 정도의 쓴맛이 짠맛과 감칠맛의 충돌을 막고 서로 어우러져 돋보이게 만드는 것이다.

커피 푸딩 라멘은 맛있을까?

이른바 ‘감칠맛이 나는 것’은 5가지 맛이 골고루 어우러진 상태라고 한다. 그렇다면 모든 맛의 정도가 똑같아지면 맛이 좋아질까? 그렇지는 않다.

“5가지 맛이 전부 동일한 수준인, 정오각형 밸런스의 맛은 가장 별로입니다.”

두드러지는 부분이 없으면 사람은 맛있다고 느끼지 않는다.

"커피에 푸딩을 넣고 또 그것을 라멘에 넣어서 먹어 보세요. 그러면 5가지 맛이 전부 갖추어지게 되지요. 하지만 고민할 것도 없이 맛없을걸요?"

커피의 신맛과 쓴맛, 푸딩의 단맛, 라멘의 짠맛과 감칠맛, 5가지 맛이 전부 갖춰져야 맛이 좋아지는 거라면 커피 푸딩 라멘도 당연히 맛있어야 한다. 하지만 그렇지 않다.

"케이크는 짠맛과 단맛, 라멘은 짠맛과 감칠맛, 이렇게 2~3가지 맛이 두드러져서 맛이 좋은 거예요. 맛있는 음식에 5가지 맛이 전부 같은 강도로 두드러지는 일은 없습니다."

모두 갖춰지면 맛들이 서로 부딪쳐 사라지고 결국 알 수 없게 된다. 이는 색을 칠하는 것과 같다. 모든 색을 섞으면 검은색이 되는 것처럼 말이다.

"5가지 맛을 지녔다 하더라도 그중 2~3가지 맛이 두드러진 밸런스를 유지하면 맛이 좋은 겁니다."

미지근한 라멘을 먹다

야마카타 시는 일본에서 라멘 소비량이 가장 많은 지역이다. 그런데 이곳에 조금 색다른 라멘이 있다. 물론 다른 지역에도 차가운 중화요리처럼, 말 그대로 차가운 국물을 쓴 차가운 라멘이 있기는 하다. 그런데 효혼 씨의 말에 따르면 야마카타에는 미지근한 라멘이 있다고 한다. 차가운 게 아니라 미지근한 라멘이다. 라멘 가게에서 주문할 때 뜨거운 라멘과 미지근한 라멘을 고를 수 있다고 한다.

일본 제일의 라멘 소비 지역에 미지근한 라멘이 있다니…… 체온에 가까운 온도일 때 감칠맛이 최대가 된다는 맛 전문가의 이야기가 새삼 떠올랐다.

도쿄에서 야마카타 라멘을 판매하는 가게를 찾았더니 진보초에 위치한 '멘 다이닝 토토코麺ダイニングととこ'가 나왔다. 이곳에서 무화학조미료 야마카타 라멘을 팔고 있었다. 전화를 걸어 미지근한 라멘을 먹을 수 있냐고 물었더니 여주인은 그렇다고 시원스레 답을 주었다.

뜨거운 라멘과 맛을 비교해 보고 싶었지만 2그릇은 무리다. 메뉴판을 앞에 두고 고민하는데 "미니 라멘도 있어요"라고 알려 주는 게 아닌가. 원래 메뉴에는 없지만 쇼유 미니 라멘을 부탁하여 뜨거운 라멘과 미지근한 라멘을 받았다. 무엇이든 일단 부탁하고 보는 거다.

처음에 나온 것은 뜨거운 쇼유 라멘이었다. 간장과 닭고기 육수의 맛이 하나가 되어 힘차게 혀를 때렸다. 처음 먹어 보는 야마카타 라멘은 닭고기 맛국물을 기본으로 사용하는 라멘인데, 화학조미료를 사용하지 않은 국물답게 감칠맛이 은근하고 간장 맛도 강하다.

그다음에 미지근한 라멘이 나왔다. 좀 더 정확히 표현하자면 미지근하다기보다 뜨겁지 않다는 게 맞다. 일반적인 온수처럼 조금 따뜻한 정도다. 먹어 보니 놀라웠다. 각각의 맛이 따로 입안을 돌았다. 간장의 미세한 맛과 국물의 감칠맛이 따로 느껴졌다. 두 맛이 분명하게, 그리고 세밀하게 구분되어 느껴지는데 그러면서도 자연스럽게 어우러졌다. 미지근함 정도는 토미타의 츠케멘과 비슷했다.

맛으로만 보면 둘 중 미지근한 라멘의 압승이다. 다만 뜨거운 라멘도 준비해 준 마음씨 때문에 이 가게에 대한 호감도가 올라서 이곳의 라멘에 더 후한 것인지도 모르겠다.

가게 주인의 어머니도 라멘 가게를 운영하는데, 바쁠 때 간편하기 때문에 주방에서 미지근한 라멘을 즐겨 먹는다고 한다. 가게 주인도 미지근한 쪽을 더 선호한단다. 하지만 예전에는 주방에서 대충 먹는 음식이라 여겨 손님들에게는 내놓지 않았다.

야마카타에는 산채 소바라는 메뉴가 있다. 삶은 산나물과 소바면을 함께 츠케지루에 적셔 먹는 것이다. 미지근한 라멘은 아마 그것을 응용한 것이리라. 미지근한 라멘의 면은 쫀득쫀득하기 때문에 면의 식감을 중요하게 여기는 사람에게 특히 인기가 많다.

미지근한 라멘에게도 최적의 온도가 있다는 것이 이번에 내린 결론이다.

화학조미료는 라멘의 친구인가, 적인가

라멘에 빠져서 먹으러 다니다 보면 반드시 눈에 띄는 키워드가 있다. 바로 '무화학조미료'다. 화학조미료를 쓰지 않는다는 의미이지만 1가지 걸리는 점이 있다. 어째서 화학조미료를 사용하지 않을까? 화학조미료를 사용한 라멘과 사용하지 않은 라멘은 과학적으로 어떤 차이가 있을까? 무화학조미료 라멘에 대해 자세히 살펴보자. 가공식품 저널리스트 나카토가와 미즈키 씨의 안내로 그 실태를 좇았다.

라멘을 싫어하는 사람도 있다?

라멘 사랑에 푹 빠진 사람들의 반대편에 라멘을 극단적으로 싫어하는 사람들이 있다. 자신도 먹지 않고 자녀들도 라멘을 먹지 못하게 한다. 인스턴트 라멘 따위는 먹으면 즉사라도 할 것 같은 기세로 거절한다. 왜냐하면 '라멘은 건강에 나빠서'라는 이유다.

하지만 도무지 이해할 수 없다. 라멘을 너무 자주, 너무 많이 먹는다면 몸에 좋지 않을 것이다. 하지만 그렇다고 해도 무조건 피할 정도는 아니잖은가?

가공식품 저널리스트 나카토가와 미즈키 씨는 가공식품은 몸에 좋지 않고, 너무 많이 먹으면 안 된다는 입장이다. 이 주제로 바른 식생활 강연도 1년에 80회 이상 하고 있다. 원래는 식품 제조 회사에 근무했는데, 라멘 가게에 제품을 납품하면서 라멘 업계의 내부 사정을 상세히 알게 되었다. 화학조미료를 사용하지 않는 라멘 가게들만 소개하는 《무화학조미료 라멘 MAP》이라는 책에도 언급되었을 정도다.

그는 라멘을 사랑하는 사람과 라멘을 싫어하는 사람의 의견을 공정하게 들어주는 사람이다. 그러한 나카토가와 씨에게 좀 더 자세한 이야기를 들어 보았다.

실제로 라멘은 몸에 좋은가요, 나쁜가요?

원가를 낮춰 주는 화학조미료

최근 화학조미료를 사용하지 않은 '무화조無和調, 무화학조미료' 가게가 늘고 있다. 글루탐산나트륨이나 이노신산나트륨 등 화학조미료를 사용하지 않고 라멘을 만들기 때문이다. 내가 학생이었을 때는 양념장과 함께 백색 가루 한 큰술이 기본이었기 때문에 새삼 격세지감을 느낀다.

다만 무화조 가게들의 라멘은 매우 비싸다. 니보니보계 혹은 시멘트계 라멘은 한 그릇당 70~150그램의 마른 멸치를 사용한다. 보글보글 끓인 마른 멸치를 갈아 진한 회색 국물로 만드는데 이 또한 화학조미료를 사용하지 않은 라멘의 하나다. 이 라멘이 너무나도 맛있었기 때문에 집에서 만들어 보기로 했다.

들어간 재료는 다음과 같다.

마른 멸치	400g	700엔
닭 뼈	2개	300엔
히다카산 다시마		200엔
소 내장		300엔
파	3개	190엔
마늘	약간	30엔
돼지고기 목살	450g	600엔
중화면	4개	400엔
합계		2720엔

그렇게 4인분, 겨우 4그릇을 완성했다. 1그릇당 원가는 약 700엔이 들었는데 보통 라멘 가게들의 원가율은 30퍼센트다. 즉 라멘 가격을 그릇당 2000엔 이상 잡지 않으면 본전을 건질 수 없다. 이렇게 비싼 라멘을 누가 먹겠느냐는 말이다. 게다가 5시간이나 걸려서 만들었는데도 뭔가가 부족했다. 퍼뜩 떠올라서 화학조미료를 골고루 뿌렸더니 우리 아이가 맛을 보고는 깜짝 놀랐다.

"뭐야, 이거? 엄청 맛있다!"

아빠 마음도 몰라주니 눈물이 났다. 글루탐산을 사용하면 재료 본연의 맛이 변한다. 내가 만든 라멘은 밋밋해서 가게에서 먹던 맛이 아니었다. 이 정도 맛으로는 어느 가게도 트라이 라멘 대상을 노릴 수 없다. 프로는 정말 대단한 것 같다.

물론 재료 구입처도 다르고 전문가만의 노하우도 있을 것이다. 그렇지만 화학조미료를 사용하지 않는 라멘의 원가율은 화학조미료를 사용한 라멘에 비해 훨씬 높다. 그런데 맛까지 좋다는 것은 엄청난 양의 재료와 비법이 있다는 의미다. 개인 가게는 만들어 파는 양이 적기 때문에 어떻게든 운영이 가능하지만 '무화조, 무첨가'를 내건 체인점들도 많다.

높은 원가 때문에 이윤도 적고 품도 많이 드는데 그래도 고집스럽게 화학조미료를 쓰지 않는 이유는 무엇일까?

미각 파괴 트리오

세간에 단연 건강이 화제다. 그중에서도 대중은 '디톡스'에 관심이 많다. 건강에 대한 사람들의 관심이 높아짐에 따라 화학조미료 무첨가 라멘이 등장한 걸까? 건강을 위해서라면 죽어도 좋다는 말이 나올 정도다. 어쩌면 쓰레기의 왕이었던 라멘에게도 건강이라는 시련의 파도가 닥친 게 아닐까? 과연 화학조미료를 쓰지 않는 라멘이라면 건강이라는 조건을 충족할 수 있을까?

나카토가와 씨는 그렇지 않다고 말한다.

"우선 화학조미료를 사용하지 않는 가게가 왜 늘어났는지 짚어보아야 합니다. 사실 그것은 단지 화학조미료라고 부르지 않아도 되는 화학조미료가 늘어났기 때문입니다."

이게 무슨 말이지? 화학조미료라는 이름이 붙지 않으면 화학조미료가 아닌 건가? 둘은 다른 것인가?

그런데 둘은 다르다고 한다. 인스턴트 라멘이나 저온 냉장 라멘의 식품 성분표를 보면, 효모 추출물이나 단백가수분해물이 적혀 있다. 이것이 새로운 유형의 화학조미료다. 식품 취급 분야에서 화학조미료로 분류되지 않는다. 그러나 실제로는 화학조미료다.

"예를 들어 원재료명에 적혀 있는 치킨 엑기스는 효모 추출물이나 단백가수분해물입니다. 닭만 사용한 경우에는 치킨이라고만 표시합니다."

생선 엑기스나 소고기 엑기스 등 엑기스라고 적혀 있는 것은 효모 추출물이나 단백가수분해물이 포함됐을 가능성이 있다.

효모 추출물은 '효모균'을 이용해 아미노산 같은 감칠맛 성분을 만들어 낸 것으로, 다른 균을 이용해 감칠맛 성분을 만들어 낸 화학조미료와는 다르다. 그래서 효모 추출물은 화학조미료로 분류되지 않지만 사용법은 화학조미료와 동일하다. 효모 추출물이나 단백가수분해물은 아미노산이나 핵산처럼 미각에 직접적으로 작용하는 성분만 취한 것이다. 인공적으로 감칠맛을 내는 단백가수분해물, 화학조미료, 효모 추출물, 이 3가지 조미료를 나카토가와 씨는 '미각 파괴 트리오'라고 부른다.

"무화조는 화학조미료를 사용하지 않는다는 뜻이지만 효모 추출물과 단백가수분해물은 사용하고 있습니다. 인공적인 맛을 내기 위해서요. 결국 마른 멸치나 닭 뼈의 사용량이 줄어 영양이 부족한 라멘이 될 뿐이지만 맛은 몸이 전율할 정도로 좋지요. 이렇게 의미 없는 화학조미료 무첨가 라멘 가게가 늘어난 겁니다."

맛과 영양, 둘 다 잡을 수 없을까?

나카토가와 씨는 그렇기 때문에 라멘에 대한 질문을 바꾸어야 한다고 했다.

"건강에 해로운 것이 들었기 때문에 먹지 않는다고 말하는 것은 시대착오적인 생각이라고 봅니다. 그렇게 거르다가는 결국 몸에 필요한 영양이 부족해지기 때문이죠. 결국 소비자가 현명하게 대응해야 합니다."

첨가물이 건강에 좋은지 나쁜지 따지자면 일본 후생성을 비롯한 여러 국가 기관들이 그 안전성을 담보하고 있다. 기준을 따르는 한 전혀 문제될 것이 없다. 그러므로 우리의 우려대로 정말 건강에 좋고 나쁨을 따지려면 기준을 새롭게 세우지 않으면 안 된다.

"화학조미료에 의존한 400엔짜리 라멘과 다양한 식재료로 국물을 낸 800엔짜리 라멘 중 어느 쪽이 건강에 좋을까요? 명백히 영양가는 후자가 높을 것입니다."

화학조미료를 사용하면 저렴하고 맛있는 라멘을 만들 수 있다. 그러나 영양가를 생각하면 화학조미료를 줄여야 한다. 직접 재료를 끓여 만든 국물에는 맛과 직접적인 관계가 없는 비타민이나 미네랄이 녹아 있고 그것이 몸의 영양분이 되기 때문이다.

"일부 사람들은 화학조미료가 독은 아니지만 분명 폐해가 있다고 말합니다."

식재료의 영양분이 우러난 국물은 몸에도 좋을 것이다. 그런데 여기에 화학조미료를 첨가해 맛을 낸다면 맛은 잡을지 몰라도 영양 실속은 놓칠 수 있다.

가게에서 내준 라멘은 무엇으로 만들었는지, 어떤 재료를 사용했는지 알 수 없다. 화학조미료를 사용하지 않았다는 말로 안심할 수 없는 것이다. 새로운 유형의 화학조미료가 쓰였을 가능성이 있으니까.

"전문가들은 국물보다 면의 첨가물이 더 문제라고 말합니다. 면의 식감을 개선하기 위해 프로필렌글리콜 같은 첨가물이 사용되고 있으니까요."

또 간스이 속에 함유된 인산염은 칼슘 같은 미네랄 성분의 흡수를 방해해서 미네랄 부족을 일으킬 우려가 있다.

"합성 보존료나 합성 착색료처럼 발암성이 있는 것은 아니지만 장에서 미네랄 성분과 결합되어 몸 밖으로 배출되므로 우리 몸에 미네랄 부족을 일으키는 폐해가 있습니다."

즉 화학조미료에 의존한 국물은 영양가가 낮다. 인산염이 함유된 면은 미네랄 흡수를 방해한다. 결과적으로 라멘 자체의 영양가가 낮아지는 것이다.

"두부 소포제라는 것이 있습니다."

"네, 알아요. 두부를 만들 때 콩에 많이 들어 있는 성분인 사포닌 때문에 거품이 생기는데 그걸 억제하는 약이잖아요. 친환경을 생각하는 사람들은 사포닌을 자주 화두에 올려요. 저도 인터넷에서 어디 제품의 두부가 소포제를 사용한다는 글을 읽었어요."

"소포제는 주로 두부를 만들고 남는 찌꺼기에 포함되기 때문에 우리가 먹는 두부는 그다지 문제가 없습니다. 그래서 소포제를 사용한 두부가 우리 몸에 해롭거나 사용하지 않은 두부가 좋은 건 아니지요. 결론적으로 두부에 소포제는 들어 있지 않습니다."

첨가물과 관련이 없다면 좋은 두부의 조건은 무엇일까?

"얼마나 진한 두유를 사용했는지 살펴보세요. 또 두부를 만들 때 넣은 간스이가 글루코노델타락톤glucono delta lactone이나 황산칼슘 같은 공업품인지, 조제해수염화마그네슘이나 염화마그네슘 함유물 같은 바닷물에서 채취한 천연 간스이인지 살펴보는 것도 좋습니다. 물론 후자를 구입하는 것이 좋죠."

하지만 소비자가 그렇게까지 자세하게 알기는 힘들다. 그저 소포제의 해로움에 대한 내용을 책이나 잡지에서 보고 '소포제를 사용하지 않은 두부=좋은 두부'라고 생각하기 일쑤다.

"그래서 두부 제조 회사도 소포제 무첨가라고 주장하면 잘 팔리기 때문에 그 부분을 강조합니다."

라멘 가게에서 화학조미료 무첨가를 강조하는 것과 마찬가지다.

"화학조미료를 사용하지 않는 라멘은 어디까지나 요리의 한 종류일 뿐인데 지금은 잘 알지 못하는 소비자를 혹하게 만드는 키워드가 되어 버렸습니다."

화학조미료를 사용하지 않는 가게 주인의 사정

그럼에도 불구하고 정말로 화학조미료를 아예 사용하지 않는 가게도 있으리라. 진짜 화학조미료 무첨가 라멘 가게를 고르는 좋은 방법이 있을까?

"그건 가게 주인의 인품에 달린 문제입니다."

"그런 건…… 알 수 없잖아요."

"가게에서 파는 라멘에는 원재료 표시가 없습니다. 가게 주인과 친해져서 화학조미료 같은 첨가물을 피하는 사람인지 살펴보는 수밖에요. 가게 주인은 화학조미료를 사용하지 않는다고 하지만 쇼유에 함유되어 있는 아미노산을 고려하지 않았을 수 있어요. 또는 한정판 라멘에만 사용하는 국물에 사실 무슨 무슨 엑기스가 들어 있었다든지 해서 정말로 화학조미료를 사용하지 않는 가게를 찾는 게 매우 어렵습니다."

"사실상 무리라는 말이군요. 화학조미료 무첨가의 기준을 어디까지 허용하느냐에 따라 달라지는 이야기네요."

혹시 먹어 보면 알 수 있지 않을까?

"먹어 보는 것만으로는 알 수 없습니다. 저는 식품 첨가물을 조사하는 일을 하는 동안 미각 파괴 트리오를 너무 많이 먹어서 혀가 마비되었는지도 모릅니다. 그래서 화학조미료 사용 여부를 알아맞힐 자신이 없습니다."

나카토가와 씨조차 알 수 없다면 아무도 화학조미료 사용 여부를 구분하지 못할 것이다.

"오개닉organic, 매크로바이오틱macrobiotic, 자연식, 무첨가에 익숙한 사람은 구분을 하더군요. 저로서도 부러울 따름입니다."

역시! 혀를 건강하게 관리해 온 사람은 화학조미료 사용 여부를 제대로 파악할 수 있다.

"그런 사람들은 자신이 싫어하는 인공적인 뒷맛이 느껴지면 '이거 혹시?'하고 짐작하지요."

"가게 벽면에 종종 안내가 붙어 있잖아요? 이부키伊吹산 마른 멸치와 라우스羅臼산 다시마를 사용했다든지, 나고야산 닭을 사용했다든지. 그런 안내를 보고 안심해도 될까요?"

"라멘에 사용한 재료를 강조하는 것은 문제가 되지 않습니다. 다만 화학조미료를 일절 사용하지 않는다고 강조하면 근처 라멘 가게로부터 항의가 들어올 겁니다."

"그런가요?"

"나라에서 안전성을 보증한 화학조미료를 사용하는 가게들 앞에서 화학조미료를 사용하지 않은 라멘이 더 안전하다고 말하는 셈이니까요. 그러면 다른 가게들이 손님인 척 온라인 맛집 사이트에서 낮은 점수를 준다거나 인터넷 커뮤니티에 나쁜 소문을 흘리기도 하지요. 결국 손님과 수입이 줄어 망할 수도 있어요. 그래서 화학조미료 무첨가를 강조하지 않는 가게도 많습니다."

라멘 업계도 꽤 음흉하다.

"게다가 정말로 화학조미료를 사용하지 않는 가게의 라멘은 화학조미료 맛에 길들여진 손님에게 낮은 평가를 받습니다. 그들 입맛에는 맛이 없다고 느껴지니까요. 그래서 평가가 낮은 가게였는데 제 입맛에는 아주 훌륭했던 가게도 있습니다."

라멘 가게를 고르는 건 실로 어려운 일이다.

또 화학조미료를 사용하지 않는 가게의 주인은 자연식을 엄격하게 추구하는 사람들로부터 세세한 부분을 꼬치꼬치 추궁당하는 등 귀찮은 일이 많아진다고 한다. 이들은 첨가물을 피하려고 화학조미료 무첨가 포테이토칩조차 먹지 않는다. 왜냐하면 감자를 기름에 튀기면 발암성이 있는 아크릴아미드acrylamide가 생기기 때문이란다. 그래서 화학조미료를 사용하지 않았다고 강조하려면 첨가물 공부도 할 필요가 있다.

"화학조미료를 쓰지 않았다고 해도 국물 맛이 맹물처럼 연하면 안 됩니다. 감칠맛이 부족한 것은 미네랄 같은 영양이 부족하다는 뜻이거든요. 저는 식재료를 듬뿍 사용해서 맛있는 국물을 낸 뒤에 마지막으로 화학조미료를 조금만 더해 맛을 조정하는 것이 화학조미료를 바람직하게 사용하는 방법이라고 생각합니다."

완벽하게 화학조미료를 사용하지 않는 가게의 자긍심은 대단하다. 그래서 효모 추출물이나 단백가수분해물을 사용하면서 화학조미료 무첨가라고 선전하는 가게와 동급으로 여겨지는 걸 곤란하게 생각한다.

"그렇기 때문에 무화학조미료 라멘 가게임을 강조하지 않는 곳도 많습니다."

나카토가와 씨는 그런 가게를 발견하면 대기 줄이 길더라도 꼭 찾아간다고 한다.

"화학조미료 사용 여부보다 식재료를 듬뿍 사용한 국물인지 여부가 중요합니다. 제대로 만든 라멘은 영양가가 아주 높기 때문이죠. 특히 미네랄이 풍부해서 외식 메뉴 중 가장 우수할지도 모릅니다. 하지만 국물의 감칠맛을 화학조미료에 의지한 불량 라멘은 염분이 너무 많아서 살만 찌는 식사가 될 거예요. 라멘이라는 음식은 좋은 것이든 나쁜 것이든 여러 부분에서 우리 몸에 영향을 주지요."

나카토가와 씨는 사람들에게 몸에 좋은 라멘을 추천하는 활동을 하는데 좀처럼 쉽지 않다고 한다.

업소용 육수의 한계

일반적으로 라멘은 과다한 염분과 칼로리가 우리 몸에 해로운 점으로 꼽힌다. 여기에 낮은 영양이 추가된다.

"농후한 라멘은 칼로리가 과합니다. 그리고 차슈가 들어 있다면 탄수화물, 단백질, 지방이라는 3대 영양소를 섭취할 수 있어요. 하지만 미각 파괴 트리오에 의지한 국물이라면 5대 영양소의 나머지 부분, 비타민과 미네랄이 부족할 수 있습니다."

화학 물질을 사용한 라멘은 이런 음식이라는 것을 명심하자.

"라멘은 해롭지 않습니다. 구내식당이든 일반 식당이든 어디든 화학조미료를 사용한 싸고 맛 좋지만 영양가는 부족한 식사를 내고 있습니다. 이런 문제는 비단 라멘에만 있는 게 아니죠."

미각 파괴 트리오를 사용한 업소용 엑기스나 육수는 놀라울 정도로 완성도가 높다. 이것을 물에 타면 산처럼 많은 재료를 몇 시간에 걸쳐 끓인 국물과 다르지 않은 맛을 낼 수 있다. 닭고기 육수도 쉽게 구할 수 있다.

"아침 일찍 장을 보지 않아도 되고 그저 냉동된 육수를 큰 냄비에 넣기만 하면 되지요. 게다가 그 육수가 첨가물을 넣지 않은 제품이라면 이 제품을 쓰는 게 과연 나쁠까요? 가게에서 한밤중이나 새벽에 하는 국물 내는 작업을 공장이 대신하고 있을 뿐인데요. 그런 업소용 육수가 많아요. 물론 노계를 사용하는 것처럼 닭 종류의 차이는 있지만요."

소비자 입장에서도 가게를 운영할 때 이런 수고가 있다는 것을 이해하지 않으면 결국 손해일 것이다. 좋은 라멘을 기대한 나머지 가게 주인에게 필요 이상의 부담을 주게 될 테니까. 이는 황금 달걀을 낳는 닭을 죽이는 것과 같다.

"보통의 개인 가게는 큰 차별화가 어려우므로 업소용 육수를 한정적으로 사용합니다. 쇼유 라멘과 시오 라멘은 직접 낸 국물로 만들고 가끔 주문받는 미소 라멘에만 업소용 육수를 사용하는 것처럼 말이에요. 하지만 규모가 큰 식당이나 체인점에서는 주로 업소용 육수를 사용합니다."

어쩔 수 없는 여러 사정도 있을 거다. 그래서 업소용 육수를 사용한 라멘을 먹으면 안 된다거나 내놓지 말라는 이야기를 하는 게 아니다. 이런 전후 사정을 알고 있다면 문제될 것은 없다. 한두 끼는 라멘을 먹더라도 다른 끼니로 영양을 보충하면 되니까.

결국 제대로 된 라멘을 먹고 싶을 때에는 제대로 만드는 가게를 찾으면 된다.

"라멘 가게에 간다는 것은 결국 가게 주인을 만나러 가는 겁니다. 실제로 그런 사람들이 많아요. 지금은 식품 표시를 있는 그대로 신용할 수 없는 세상이니까요. 라멘 가게에는 원재료 표시를 하지 않으므로 가게 주인을 믿을 수밖에 없습니다. 안심하고 먹으려면 신뢰할 만한 가게 주인이 만들어 주는 음식이어야 하죠."

식재료를 이용해 정성껏 국물을 만드는 가게를 찾으면 된다.

영양 균형을 위해 라멘과 함께 먹으면 좋은 것

"화학조미료를 사용한다고 해도 육수는 닭이나 돼지 뼈를 보글보글 끓여서 제대로 만들면 됩니다. 화학조미료는 아주 조금 들어갈 뿐이니까요. 여러 재료를 푹 끓인 라멘 국물은 영양가가 아주 높습니다."

나카토가와 씨는 이렇게 말을 이었다.

"라멘을 즐겨 먹는 라멘 평론가를 보면 의외로 건강하지 않습니까? 라멘 오타쿠들이 일찍 죽을 것 같지만 모두들 건강합니다. 쉰한 살의 나이로 단명한 라멘 평론가 기타지마 히데北島秀 씨는 자신이 앓았던 백혈병과 라멘은 전혀 관계가 없다는 유언을 남겼다고 해요."

제대로 만든 라멘이라면 비타민 C처럼 고열에서 파괴되는 영양분 외에도 미네랄과 다른 비타민을 섭취할 수 있다.

"재료를 끓인 국물에 영양분이 가장 많이 녹아 있습니다. 하지만 요즘 요리들은 그 국물을 버리곤 하지요. 영양분이 빠져나간 껍데기만 요리되어 나오는 거예요. 가령 마트에서 파는 샐러드는 씻기고 소독되는 과정에서 많은 영양분이 공장의 배수구로 흘러가 버립니다. 그런 의미에서 라멘 국물은 어떨까요? 채소와 닭을 팔팔 끓인 거잖아요?"

영양분이 빠져나간 닭고기를 먹는 것보다 라멘의 닭 국물을 먹는 편이 미네랄을 풍부하게 섭취하는 방법일지도 모른다. 결국 제대로 만든 라멘을 먹어야 한다.

"제대로 만든 라멘에 무언가를 조금 더하면 완벽해집니다."

칼슘, 마그네슘, 식이 섬유, 비타민 C 등 라멘에 부족한 부분을 더하면 좋다는 것이다.

"쇼유 라멘을 먹은 후에 채소주스를 마시면 아주 좋습니다. 라멘을 주문할 때 채소주스를 추가하세요."

부족한 게 있다면 그걸 더해 주면 된다.

"돈코츠 라멘의 영양가는 볶은 깨 간 것을 더하는 것만으로 훨씬 높아집니다. 쇼유 라멘에는 구운 김을 올리면 좋고요."

테이블에 기본으로 준비되어 있는 볶은 깨는 꼭 넣을 것, 고명은 채소류나 구운 김을 선택하면 좋다. 미네랄을 보충하고 싶다면 미네랄이 풍부한 미소 된장으로 만든 미소 라멘이나 탄탄멘을 주문하자.

"면을 만들 때 전립분을 사용하거나 반죽에 밀 껍질을 넣어 주면 식이 섬유나 마그네슘을 보충할 수 있습니다. 간스이 대신 조개에서 추출한 소성칼슘을 사용하면 칼슘도 풍부해집니다."

앞으로 남성들은 돼지고기 고명이나 국물을 추가하는 걸 그만둬야겠다.

"채소나 마늘만 추가해도 좋습니다."

이처럼 제대로 만든 라멘은 몸에도 좋다. 그렇다면 인스턴트 라멘은 어떨까? 물론 라멘 가게에서 판매하는 1000엔짜리 라멘과 1봉지에 200엔짜리 인스턴트 라멘은 비교가 안 될 것이다. 그렇다면 화학조미료를 쓰지 않은 인스턴트 라멘은 없는 것일까?

"인스턴트나 냉장 식품 라멘 중에도 좋은 제품은 있습니다."

화학조미료를 거의 쓰지 않으면서 제대로 국물을 낸 인스턴트 라멘과 냉장 식품 라멘이 시중에 판매되고 있지만 그 수가 많지는 않다.

"인스턴트 라멘으로도 영양을 챙길 수 있다니 그거 좋은데요. 자연식품점에 있습니까? 라멘 가게에서 판매하고 있는 건가요?"

"그런데 그런 제품은 맛이 없다고 생각될 수 있습니다."

헉!

"미각 파괴 트리오에 익숙해졌기 때문이죠. 가게의 라멘이나 인스턴트 라멘 모두 마찬가지예요. 무화학조미료 라멘의 깊은 맛을 모르는 사람이 많습니다. 저는 그 맛을 즐길 때마다 '아무도 이 맛을 모르는구나' 하는 안타까움이 듭니다."

화학조미료를 쓰지 않는 길은 참으로 험난하구나.

소비자도 적극적으로 몸에 좋고 맛있는 음식을 찾을 필요가 있다. 그러면 소비자의 미각도 한 단계 상승하고 가게도 소비자를 만족시킬 수 있는 한 그릇을 제공하기 위해 더욱 노력할 것이다.

"라멘을 제대로 만들고 있는 가게는 많습니다. 저 또한 그런 가게에서 맛있고 영양가 높은 라멘을 먹고 싶습니다."

기름과 건조 기술의 결정체, 인스턴트 라멘

주머니는 가벼운데 출출하다면 언제나 손 닿는 곳에 인스턴트 라멘이 있다. 싸고 간편한 이 음식을 먹어 보지 않은 사람은 아마 한 명도 없을 것이다. 하지만 동시에 '인스턴트 라멘은 몸에 해롭다'는 속설이 널리 퍼져 있다. 심지어 '인스턴트 라멘만 먹었더니 끝내 목숨을 잃었다'는 괴담도 있다. 과연 이 속설은 사실일까? 그 실마리를 찾아 과학적 탐구를 시작한다.

인스턴트 라멘은 위험하다?

라멘이라고 하면 역시 인스턴트 라멘이 제일 먼저 떠오른다. 학창 시절, 어머니가 차려 주던 점심상에 자주 올랐던 것이 간단하고 빠르게 마련할 수 있는 인스턴트 라멘이었다. 내 고향은 돈코츠 라멘으로 유명한 후쿠오카였는데 그래서였는지 인스턴트 돈코츠 라멘인 '마루타이 라멘'을 자주 차려 주셨다.

그렇게 나는 대학생이 될 때까지 라멘 가게에 가 본 적이 없었다. 그때만 해도 지금처럼 라멘 가게가 많지 않았다. 기껏해야 고등학교 하굣길에 몇 번인가 들렀던 체인점 '스가키야寿がきや' 정도다. 나는 고등학교를 나고야에서 다녔는데 그곳에는 '스가키야 라멘' 체인점이 유명하다. 하카타의 돈코츠 라멘과는 전혀 다른, 매우 특별한 돈코츠 라멘을 내놓는다. 스가키야에서는 독특하게 생긴 포크 숟가락으로 라멘을 먹는다.

그래서 내가 라멘이라는 말을 들으면 제일 먼저 떠올리는 것은 라멘 명가인 다이쇼켄, 라멘지로가 아니다. 데마에잇초나 삿포로 이치방 시오 라멘, 마루타이 라멘처럼 일본을 대표하는 컵 라멘의 국물과 면이다.

인스턴트 라멘이 내 피와 살이 된 지 오래지만 건강에 해롭다는 이야기는 자주 들었다. 인스턴트 라멘이 몸에 나쁜 이유는 크게 3가지가 꼽힌다. 첫째는 칼로리와 당분이 높다는 점이다. 이는 인스턴트 라멘뿐만 아니라 가게에서 판매하는 라멘에도 해당되는 사항이다. 게다가 라멘이든 피자든 프라이드치킨이든 기름, 탄수화물, 소금을 사용하는 요리는 대개 같은 문제를 안고 있다. 그러므로 적당하기만 하면 괜찮다.

둘째는 기름이다. 대부분의 인스턴트 라멘의 면은 기름에 튀겨서 수분을 없앤다. 그런데 면에 남아 있는 기름이 빛의 자극을 받으면 시간이 지남에 따라 열화劣化(절연체가 내·외부의 영향을 받아 화학적·물리적 성질이 나빠지는 현상—옮긴이)하여 과산화지질lipid peroxide로 변한다. 이 과산화지질은 알데히드aldehyde나 케톤ketone 등의 유해 물질로 변하는데 이때 독성이 생겨난다.

최초의 인스턴트 라멘이 발매된 지 얼마 지나지 않은 1965년에는 조악한 제품들이 횡행했다. 열화 기름이 식중독을 일으켜 문제가 발생한 적도 있었다. 그런 사례들 때문에 지금도 인스턴트 라멘을 먹으면 열화 기름을 섭취하게 된다고 주장하는 사람이 있다.

셋째는 인스턴트 라멘에 쓰이는 용기 문제다. 인스턴트 라멘 용기는 발포스티롤blowing styrole처럼 석유에서 추출한 재질로 만들어졌는데 여기에 뜨거운 물을 부으면 화학 물질이 녹아 나와 국물에 섞인다는 것이다. 이 국물을 많이 먹으면 건강에 이상이 생기는데 특히 생식 기능 이상을 초래한다고 한다.

인스턴트 라멘을 꺼리는 이유는 이 3가지 외에도 더 있겠지만 크게 살펴보면 칼로리와 당분, 열화 기름, 용기가 문제다. 나는 이 세 문제가 정도의 차이를 가진다고 생각한다. 물도 너무 많이 마시면 병에 걸리지 않는가? 정말 문제인 것은 인스턴트 라멘의 적정한 섭취량이 얼마인지 모른다는 것이다.

매일같이 인스턴트 라멘을 먹으면 어떻게 될까? 역시 몸이 상할까? 만약 용기에서 녹아 나온 물질이 유해하다면, 그래서 생식 기능을 떨어뜨린다면 오늘날 사회 문제로 부각되고 있는 저출산의 원인이 인스턴트 라멘일지도 모른다. 물론 확실한 건 아니다.

나는 인스턴트 라멘에 대해 모른다. 그저 뜨거운 물을 붓거나 전자레인지에 데우면 먹을 수 있는 편리한 음식이라는 것 이상의 지식은 없다. 인스턴트 라멘이란 무엇이며 우리 몸에 해롭다는 의견에 정당한 근거는 있을까?

컵 라멘 박물관에 가다

'닛신식품日清食品'은 세계 최초의 인스턴트 라멘인 '치킨 라멘'을 만든 회사다. 전 세계를 상대로 인스턴트 라멘을 제조하고 판매하는, 업계 최대 규모를 자랑하는 대기업이다. 닛신식품의 창업자이

자 인스턴트 라멘을 발명한 안도 모모후쿠安藤百福의 공적을 널리 알리고, 동시에 '아이들에게 발명과 발견의 위대함을 알리고 싶다'는 취지로 설립된 곳이 '컵 라멘 박물관'이다.

인스턴트 라멘의 발상지인 오사카 이케다 시와 가나가와 현 요코하마 시, 2곳에 있는데 그중 '컵 라멘 박물관 요코하마'를 방문했다. 붉은 벽돌로 세워진 세련된 건물이 눈에 들어온다. 당대 최고의 크리에이터인 사토 가시와佐藤可士和가 디자인한 작품이다. 실로 멋진 건물이다.

컵 라멘 박물관을 찾은 이유는 닛신식품의 대표 상품인 치킨 라멘을 만드는 체험을 하기 위해서다. 그곳에서는 손수 치킨 라멘을 만들어 볼 수 있다. 치킨 라멘을 모르는 일본인은 거의 없다. 뜨거운 물을 붓고 3분만 기다리면 먹을 수 있는 경이로운 음식. 조금 과장해서 말하면, 인스턴트식품이라는 개념 자체가 치킨 라멘으로부터 시작했다고 해도 과언이 아니다. 통조림 식품에 필적할 만한 대발명이다.

인스턴트 라멘이란 무엇일까? 그 기원부터 살펴보는 것이 좋겠다. 제조 공정을 직접 체험하는 것만큼 실감할 수 있는 방법은 없으리라. 그건 그렇고, 안도 모모후쿠는 어떻게 치킨 라멘을 만들 생각을 했을까?

안도 씨는 원래 사업가였다. 1910년, 대만에서 태어나 22세 때 일본산 직물을 구매해 대만에 판매하여 대성공을 이뤘다. 하지만 얼마 후 태평양전쟁이 일어나면서 전쟁 국면이 악화되자 사업을 계속할 수 없게 되었다. 전쟁 이후에도 영양식 개발, 전문학교 설립 등 그의 사업욕은 사그라들지 않았다. 그러나 47세가 되던 해에 청탁 문제에 연루되어 이사장으로서 경영하던 신용 조합이 파탄을 맞게 되었고, 자택 이외의 재산을 전부 잃고 만다. 참 우여곡절이 많은 인생이었다. 무일푼이 되고 나서야 눈에 들어온 것이 전쟁 후의 풍경이었다.

"전쟁이 끝난 직후는 식량난이 심각했지요. 그때 암시장이 열리곤 했었는데 우연히 안도 모모후쿠 씨가 그곳을 지나게 되었어요. 길게 늘어선 대기 줄을 보고 여긴 어딘가 유심히 보니 라멘을 파는 포장마차였답니다."

컵 라멘 박물관 홍보부의 우치다 씨의 설명이다.

"뜨거운 물만 있으면 곧바로 만들어 먹을 수 있는 라멘을 개발하면 모두들 좋아할 텐데……."

그렇게 컵 라멘의 아이디어가 시작되었다. 가정에서 라멘을 만들 수 있다면 추운 날씨에 밖에서 줄을 서지 않아도 되고 아주 편리할 것이다. 당시는 냉장고가 막 보급되기 시작했고, TV는 흑백화면이었으며 1964년에 개최되었던 제16회 도쿄올림픽도 열리기 전이었다. 보통은 긴 대기 줄을 보면 라멘 가게 체인점을 열어야겠다는 아이디어를 떠올리지 않을까? 하지만 그는 불현듯 가정에서 뜨거운 물만 부으면 곧바로 먹을 수 있는 라멘을 떠올리고 이를 실제로 개발하기 시작한 것이다.

치킨 라멘이 탄생한 것은 1958년의 일이다. 꼬박 1년간, 하루 평균 4시간만 잠을 자며 오로지 시제품 제작을 위해 이상적인 라멘을 연구했다. 면을 기름에 튀겨서 건조시키는 '순간유열건조법'은 인스턴트 라멘의 바탕이 되는 기술이다. 아내가 튀김을 만드는 것을 보고 이 기술을 떠올렸다거나, 치킨 라멘의 맛을 내기 위해 집에서 기르던 닭을 잡아 국물을 냈다는 일화 등 발명의 뒷이야기가 재미있다.

재미도 재미지만 새삼 놀랍다. 단 한 명의 인간이 세상에서 누구도 본 적도, 들은 적도 없는 아이디어를 떠올리고 그것을 유형의 제품으로 만들다니……. 그 정신력이 두려울 정도다. 과학자의 자질이 무엇인지 나는 모른다. 그저 겉으로 보이는 모습만 알 뿐이다. 하지만 시행착오가 중요하다는 것은 안다. 100만 번의 시행착오에도 절망하지 않는 정신력, 그리고 새롭게 시작하는 한 번의 시도를 위해 100만 번의 시행착오를 미련 없이 버릴 수 있는 자신감이야말로 과학자의 자질이 아닐까.

안도 모모후쿠 씨는 훌륭한 경영자인 동시에 뛰어난 과학자이자 발명가였다는 사실에 저절로 고개가 숙여졌다. 정말 대단하다.

컵 라멘의 탄생

컵 라멘 박물관에서는 안도 모모후쿠의 생애를 영상으로 재연해 놓았는데 그 내용이 아주 재미있다. 1960년경, 안도 씨가 인스턴트 라멘의 제조법 특허를 취득했음에도 불구하고 치킨 라멘의 유사품, 조악품이 끊이지 않아서 시장이 어지러웠다. 그때 안도 씨는 식량청에 불려 가 장관으로부터 직접 인스턴트 라멘 업계를 정리해 달라고 부탁받았다. 보통 그러면 "식량청에서 유사품을 정리해 주셔야죠" 하고 반발할 텐데 안도 씨는 자신의 특허를 공개하는 것으로 업계를 정리했다고 한다.

PC 업계에서 IBM은 개방형 구조open architecture, (시스템 구조나 기본 사양을 외부에 공개함으로써 다른 기업들이 호환성을 가진 기기를 생산할 수 있도록 하는 것—옮긴이)를 도입했다. 덕분에 다른 기업들이 발전하고 업계 전체가 확장될 수 있었다. 안도 씨는 이 전략을 IBM보다 훨씬 이전에 실행한 것이다.

안도 씨가 컵 라멘의 구체적인 형태를 떠올린 것은 미국 시장을 시찰하던 중이었다. 미국에 치킨 라멘을 가지고 갔는데 뜨거운 물을 부으려고 해도 사발이라고 할 만한 게 없었다. 그리고 젓가락도 없었다. 어떻게 해야 할지 고민하던 찰나에, 현지 바이어가 치킨 라멘을 작게 부수어 종이컵에 넣고는 거기에 뜨거운 물을 부어 포크로 먹기 시작했다.

안도 씨는 그전까지 '맛있는 음식에 국경은 없다'고 믿었다. 하지만 그 사건을 계기로 식습관의 벽을 넘지 않으면 안 된다는 것을 깨달았다. 그동안 몰랐던 사실들을 많이 알게 되어 흥미로웠다.

"당시에는 조악품도 많이 나돌았고, 소비자들이 충분히 뜨겁지 않은 물을 부었다가 설익은 라멘을 먹고는 배탈이 나는 일도 있었습니다."

"기름이 산화한 탓에 식중독에 걸린 건 아닐까요?"

"물론 그런 경우도 있었죠."

홍보부의 우치다 씨가 동의했다.

"조악한 기름도 문제였지만 소매점의 판매 방식이 문제가 되는 경우도 있었습니다. 상품을 직사광선이 닿는 뜨거운 곳에 장시간 진열했기 때문에 기름이 산화하여 제품이 열화된 것이죠."

어디까지나 1960년대의 이야기다. 어느 가게든 냉방 시설이 잘 갖춰져 있는 오늘날과는 다르다.

"그때 닛신식품은 누구보다 빠르게, 전 상품에 제조 날짜를 표시했습니다. 당시 가공식품에 제조 날짜를 표시하는 사례는 거의 없었습니다. 그래서 주변에서 비난이 심했죠. 하지만 소매점 담당자가 상품을 제대로 관리할 수 있도록, 고객이 유통 기한이 지난 제품을 먹는 일이 없도록 하는 데 누구보다 앞장섰습니다."

치킨 라멘의 유사품이 횡행했기 때문에 인스턴트 라멘에 제조 날짜가 표시되기 시작한 셈이다. 이처럼 어떤 일이든 계기가 있는 법이다.

50년간 매일 라멘을 먹은 사나이

치킨 라멘 만들기 체험을 해 볼 수 있는 '치킨 라멘 팩토리'는 사전 예약제로 운영된다. 컵 라멘 박물관의 홈페이지나 전화로 예약이 가능하다. 밀가루 반죽부터 시작해 면을 만드는 것도 체험할 수 있는데, 이런 반죽 자체가 내게는 첫 경험이었다.

일단 내게 부여된 자리를 찾아가 병아리 무늬 머릿수건과 앞치마를 착용하고 손을 씻었다. 음식물을 다룰 때는 손을 잘 씻는 게 중요하니까. 그렇게 준비하면서 우치다 씨와 잡담을 나누었다.

"라멘 업계에서 근무하면, 특히 영업 사원은 살이 찔 수밖에 없다던데 닛신식품의 경우는 어떤가요?"

"저희 회사 관리직은 매년 사장과 면담을 하는데 그전에 체중을 측정합니다. 그렇게 사원들의 체중을 철저히 관리하고 있지요. 만약 체중이 기준을 넘으면 감봉 대상이 되기도 합니다."

흠, 내가 닛신식품에 근무했다면 월급이 깎이거나 승진은 꿈도 못 꾸겠군.

"매일 고객의 입에 들어가는 식품을 취급하는 이상 우리 자신도 건강하지 않으면 안 됩니다. 그러므로 직원들은 저마다 자기 관리를 철저히 하고 있죠."

과연 대단하다.

"마케팅부나 연구개발부 소속은 하루에도 여러 번 시식하기 때문에 체중 유지가 상당히 어려운 것 같더라고요."

인스턴트 라멘이 정말로 몸에 나쁘다면 닛신식품 직원들은 전부 건강이 나빠졌을 것이다.

"창업자인 안도 모모후쿠 씨는 매일 인스턴트 라멘을 먹었습니다. 그렇지만 아흔여섯의 나이로 세상을 떠나기 사흘 전까지도 취미였던 골프를 즐겼다고 합니다."

거의 50년간 매일 라멘을 먹었다고? 다시 한 번 대단하다.

반죽을 만들다

치킨 라멘을 만드는 순서는 다음과 같다.

밀가루와 간스이, 물, 소금,
고마아부라(볶지 않은 참깨 기름)를 넣고 섞어 반죽을 만든다.

⬇

밀방망이로 반죽을 편다.

⬇

제면기에 넣는다.

⬇

반죽을 숙성시킨다.

⬇

반죽을 펴고 제면기로 자른다.

⬇

면을 찐다.

⬇

면발에 액상 스프를 발라 맛을 낸다.

⬇

기름에 튀긴다.

⬇

봉지에 넣으면 완성!

의외로 복잡하다. 우선 밀가루를 볼Bowl에 넣고 한가운데를 우묵하게 만든다. 그리고 거기에 간스이, 물, 소금, 고마아부라를 넣고 잘 섞은 뒤 반죽이 되면 뭉쳐 준다. 이때 직원이 주의 사항을 알려 주었다.

"한 손으로 빠르게 원을 그리면서 휙휙 섞어 주세요. 빠르게 섞는 게 중요합니다. 손가락을 벌린 채 손가락 사이로 밀가루를 통과시킨다는 느낌으로 뱅글뱅글 섞어 주세요. 이 단계에서 제대로 섞어 주어야 맛있는 면이 됩니다."

오, 밀가루 반죽이 노랗게 변했다! 이것이 간스이의 힘인가? 간스이는 탄산칼륨이나 탄산나트륨과 같은 알칼리성 식품 첨가물이다. 단백질에 작용해서 탄력이나 윤기를 내고, 밀가루의 플라보노이드flavonoid와 반응해서 노란색을 띠게 만든다. 이때 물을 적게 넣어 가수율을 50퍼센트 정도로 약하게 유지한다.

반죽을 만들었으면 밀방망이로 눌러 펴 주고 접었다가 다시 눌러 펴 주기를 반복한다.

"이 작업은 면에 탄력이 생기게 하는 겁니다. 널빤지처럼 두께가 1센티미터 정도로 일정하게 될 때까지 펴 주는 작업을 반복해 주세요."

다음은 제면기를 사용하는 작업이다.

"손잡이를 화살표 방향으로 돌려 주세요. 면 반죽은 쉽게 마르므

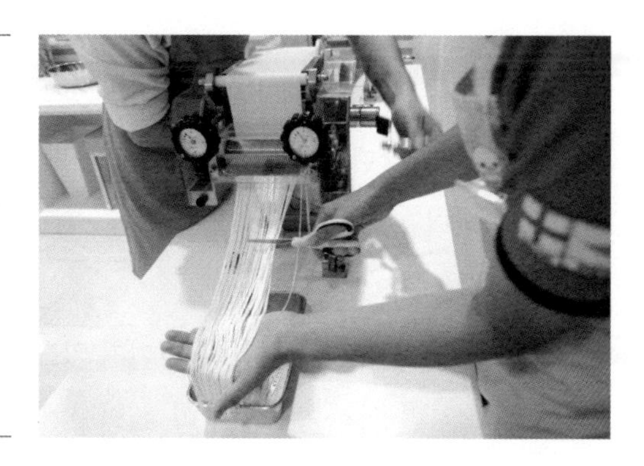

설마 반죽부터 치대게 될 줄은 몰랐다. 제면기의 손잡이를 돌리면 가늘게 잘린 면이 나온다.

로 신속하게 손잡이를 돌리는 게 좋습니다."

널빤지 모양으로 만든 반죽을 롤러로 얇게 펴 주고 반으로 접은 다음, 접힌 부분부터 제면기에 넣어 다시 펴 준다. 이를 반복하면 반죽에서 윤이 난다.

"지금 세 번째로 펴 주고 있죠? 전부 열 번을 반복해 주세요."

10회를 반복하는 동안 반죽이 딱딱해져서 힘이 꽤 들었다.

"열 번째에는 안팎으로 아주 평평한 상태가 되었을 거예요. 이것으로 반죽이 완성되었습니다."

반죽을 비닐봉지에 넣은 뒤 잠시 손을 멈추고 숙성시킨다.

제면과 순간유열건조법

드디어 제면을 할 차례다.

"반죽을 제면기에 넣고 네 번 통과시켜 얇게 늘려 줍니다."

반죽의 폭과 두께가 컵 라멘 면의 굵기가 되었다.

"이제 면이 나왔으면 가위로 반죽을 20센티미터 길이로 잘라 주세요."

얇게 편 반죽을 칼날이 달린 제면기의 롤러 부분에 통과시키면 칼날 폭에 따라 잘린 면이 줄줄 나온다. 이렇게 나온 면을 가위로 약 20센티미터 길이로 자른다. 그다음에 손으로 비벼서 면발에 주름을 만든 후 바구니에 담아 찐다.

다 찐 면발이 서로 들러붙거나 엉키지 않도록 고마아부라를 발라 준 후 묽은 간장, 아미노산 조미료, 닭고기 엑기스 등이 들어간 액상 스프를 면발에 고르게 발라 준다. 합성 보존료나 착색료는 사용하지 않는다고 한다.

"이때 스프는 신속하게 발라 주세요. 시간이 오래 걸리면 면발이 스프를 과하게 흡수해서 물러집니다."

이제 면을 기름에 튀기기 위해 형틀에 넣는다. 면이 들러붙지 않도록 살짝 놓아야 한다. 치킨 라멘을 만드는 방법은 안도 모모후쿠 씨가 인스턴트 라멘을 발명한 당시와 크게 달라지지 않았다고 한다.

마지막으로 면을 기름에 튀긴다. 이것이 세계 최초의 인스턴트 라멘을 탄생시킨 순간유열건조법이다. 앞서 이야기한 것처럼 안도 씨는 아내가 튀김을 튀기는 모습을 보고 이 기술의 아이디어를 얻었다고 한다. 고온의 기름으로 면을 튀김으로써 수분을 급속도로 증발시키는 것인데 이때 면발에 작은 구멍이 무수하게 많이 생긴다. 이 구멍에 뜨거운 물이 스며들면 금세 면이 촉촉해지면서 익는다.

순간유열건조법은 현재까지도 인스턴트 라멘을 만드는 주류 기술이다. 면을 튀기지 않는 기술로는 뜨거운 바람으로 면을 건조시키는 방법이 있는데 생면의 식감을 유지할 수 있다. 튀겨진 면을 식혀 용기에 넣으면 컵 라멘이 완성된다.

내가 직접 만든 컵 라멘을 집에 가져와서 먹어 보았다. 시중에 판매되는 제품처럼 건조 달걀도 들어 있었다. 그 모습을 보고 피식 웃음이 나왔다. 뜨거운 물을 붓고 3분을 기다렸다. 오랜만에 치킨 라멘을 먹어 본다. 맛은 여전하구나.

직접 만들어 보니, 인스턴트식품으로 가공하는 게 훨씬 어렵다는 것을 알았다. 스프에 화학조미료를 사용하는 것은 충분히 예상한 바다. 오히려 그 이상의 첨가물이 쓰이지 않는 데 더 놀랐다.

시판되는 제품에도 물을 부어 내가 만든 것과 맛을 비교해 보았다. 국물 맛은 비슷했지만 직접 만든 면이 좀 더 맛있었다. 열심히 반죽을 치댄 보람이 있었다.

편의점에서 벌어지는 치열한 경쟁

'사단 법인 일본인스턴트식품공업협회'가 현재도 운영되고 있다는 데 놀랐다. 컵 라멘 박물관에서 본 영상에 등장한 단체인데, 안도 모모후쿠 씨가 본업에서 살짝 벗어나 농림수산성의 요청으로 만들게 되었다. 그것이 21세기인 현재까지 남아 있는 것이다. 기업이나 대중에게 업계 관련 정보를 소개하거나 기업 간 중개 역할을 맡고 있다. 협회의 전무 이사인 도다 고이치任田耕一 씨와 업무국장인 나카이 요시카네中井義兼 씨에게 설명을 들었다.

"인스턴트 라멘은 종류가 어마어마할 것 같아요. 대략 얼마만큼의 종류가 시판되고 있습니까?"

도다 씨의 설명에 의하면 협회에서는 JAS(일본 농림 규격) 인정을 받은 제품만 인스턴트식품으로 인정한다.

"개인 브랜드도 있으므로 정확하게 알기는 어렵지만 대략 약 1600종류일 것입니다."

2016년에 JAS 인정을 받은 인스턴트 라멘 제품은 1576개다. 여기에 개인 브랜드가 더해질 것이니 그 수는 더 많다.

"닛신식품에서만 매년 300종의 신제품이 출시됩니다. 다른 회사들도 이 정도의 규모까지는 아니지만 새 상품을 선보이고 있지요. 합치면 매년 500종의 신제품이 나온다고 봐야 합니다."

이렇게 많은 종류라면 매일 먹어도 따라잡을 수가 없다. 그런데 신제품을 출시하면 그게 더 잘 팔릴까?

"조금이라도 호응이 없으면 소비자가 선택하기 전에 유통 과정에서 잘립니다. 소매점 선반에서 빼 버리거든요."

마트나 편의점에는 인스턴트 라멘을 위한 코너와 선반이 있다. 그곳에서 매일 격렬한 자리싸움이 벌어진다. 한정된 공간을 두고 제조 회사들끼리 피 튀기는 쟁탈전을 벌이는 것이다.

"선반에서 밀려나면 무슨 짓을 해서라도 그곳을 다시 차지해야 다른 제조사에게 뺏기지 않습니다. 그래서 금세 신제품을 내놓는 거죠. 영업부에서도 '빨리 새로운 제품을 가져와!'라고 요구하기 일쑤입니다."

인스턴트 라멘 업계도 참 혹독하다.

의외로 낮은 인스턴트 라멘의 칼로리

한때 컵 라멘 용기에서 환경 호르몬이 나온다고 해서 시끄러웠던 적이 있다. 컵 라멘에 뜨거운 물을 부으면 용기의 화학 성분이 국물에 녹아드는데 이를 섭취하면 불임으로 이어진다는 주장이었다. 이러한 이야기는 근거가 있을까? 또한 과한 칼로리와 염분 문제도 자주 언급되는데 이것도 사실일까? 컵 라멘을 싫어하는 사람들의 주장처럼 컵 라멘은 생활 습관병(식습관, 운동, 음주, 흡연 등 생활 습관에 영향을 받아 발생하는 질환—옮긴이)의 원흉일까?

"라멘에 염분이 많은 것은 사실입니다. 다만 라멘 가게에서 먹는 라멘과 혼동하지 말아야 합니다. 라멘 가게에서 내놓는 라멘에는 10그램 정도의 염분이 들어 있지만 컵 라멘에는 대개 그 절반 정도의 염분이 들어 있으니까요."

그래도 염분이 신경 쓰이는 사람은 국물을 남기면 된다.

"그러면 라멘으로 인한 염분 섭취량의 3분의 1은 줄일 수 있습니다. 대체로 라멘의 염분은 3분의 1이 면에, 나머지 3분의 2는 국물과 고명에 들어 있습니다. 그러니까 국물을 남기면 염분 섭취도 3분의 1은 줄일 수 있죠. 게다가 컵 라멘은 가게에서 파는 라멘과 달리 국물을 남겨도 미안할 필요가 없습니다."

라멘 회사들은 저마다 20~40퍼센트의 염분 함유량을 줄인 인스턴트 라멘을 출시하여 판매하고 있다. 국립순환기질환 연구센터에서 실시하고 있는 '저염 인증'을 받은 제품도 있다. 예를 들어 주식회사 에이스쿡의 '맛국물의 감칠맛으로 염분을 낮춘 중화 소바' 제품은 염분 함유량을 40퍼센트 낮춰 '저염 인증'을 받았다. 염분을 신경 쓰는 사람이라면 저염 제품을 선택하는 것도 좋은 방법이다.

"저염 라멘은 칼로리도 낮습니다. 라멘 1개당 300~500킬로칼로리이므로 가게에서 사 먹는 라멘보다 낮죠."

칼로리만 따지면 다이어트 식품이라고 해도 될 정도다. 물론 컵 라멘만으로는 영양소가 부족할 테지만 다른 인스턴트식품도 마찬가지일 것이다.

"밥을 먹을 때 반찬을 함께 먹고, 식빵을 먹을 때 샐러드나 버터를 함께 먹잖아요? 밥이나 식빵만 먹는 사람은 없습니다. 인스턴트 라멘만 완전식품이 되길 요구하면 곤란하죠."

한편 나카이 씨는 이전에 인스턴트 라멘 회사의 제품개발부에서 근무했었다고 한다. 당시에 그는 몇 년 동안 매일 30~40종류의 라멘을 시식했다.

"항상 배가 불러서 점심 식사를 먹은 적이 없습니다. 하지만 건강 검진을 받으면 문제가 있다고 나온 적은 한 번도 없었지요."

인스턴트 라멘은 건강에 해가 없다는 것을 나카이 씨가 몸소 증명하고 있는 셈이다.

"인스턴트 라멘은 간단하게 먹을 수 있기 때문에 매 끼니마다 먹는 사람이 있습니다. 하지만 음식은 여러 가지 균형 있게 먹어야 하죠. 그러므로 주구장창 인스턴트 라멘만 먹는 식습관은 건강에 좋지 않습니다."

이는 당연한 이야기다. 참고로 나카이 씨는 직업 특성상, 컵 라멘에 들어 있는 수수께끼의 고기가 무엇인지도 알고 있었다.

"평범한 고기와 콩을 섞어 만든 식물성 고기입니다."

다진 돼지고기와 콩 단백질을 섞고 맛을 낸 다음 동결 건조시킨 것이다. 의외로 평범했다.

"알고 보면 아주 간단하죠."

라멘 기름의 안전성

1960년대에는 기름 열화 때문에 인스턴트 라멘을 먹고 식중독을 많이 일으켰다. 1964년에 69명이 복통, 구토 등의 증상을 보이며 집단 식중독을 일으키기도 했다. 이 사건은 인스턴트 라멘에 대한 JAS 규격 제정으로 이어졌다.

"이것은 약 50년 전의 이야기입니다. 기름 관리 기술은 점점 향상되었기 때문에 예전처럼 기름이 열화할 일은 없습니다. 더 안정적으로 다루기 위해 콩에서 추출한 비타민 E인 토코페롤tocopherol을 기름에 넣어 산화를 방지합니다."

면을 튀긴 기름에 독성이 생기려면 직사광선 같은 강한 빛이나 고온에 노출되거나 보존 기간을 훨씬 지나야 한다. 현재의 마트나 식료품점에는 냉방 시설이 잘 갖춰져 있고, 상품이 점포 바깥처럼 직사광선에 노출된 장소에 진열될 일도 없다. 그러므로 예전에야 어찌되었든 현재의 소매와 유통 과정에서 식중독을 일으킬 정도로 기름이 열화할 일은 전무하다.

기름의 산화에는 나라마다 기준이 있는데, '과산화물가peroxide value'와 '산가acid value'가 사용된다. 시간이 지나면 기름 속 불포화지방산이 산소와 결합하여 하이드로퍼옥사이드hydroperoxide라는 유독 물질로 변한다. 또 기름이 열에 의해 가수 분해되면 유리지방산free fatty acid이 증가한다.

하이드로퍼옥사이드의 양을 측정한 것이 과산화물가인데 이를 통해 시간 경과에 따른 열화 정도를 알 수 있다. 또 유리지방산을 중화하는 수산화칼륨의 양이 산가인데, 이는 열에 의한 열화 정도를 수치화한 것이다. 즉 숫자가 작을수록 기름의 열화가 적다는 의미다. 식품위생법시행규칙과 〈식품, 첨가물 등의 규격 기준〉에 의하면 인스턴트 라멘류는 지방의 과산화물가가 30 이하, 산가는 3 이하로 정해져 있다.

"JAS 규격은 더 엄격해서 산가가 1.5 이하여야 하는데 각 회사의 기준은 거기서 더 엄격하게 적용합니다."

그래서 지금은 인스턴트 라멘의 기름 때문에 건강을 해칠 일이 전혀 없다.

"기름 종류의 차이도 있습니다. 예전에는 라드lard가 사용되었지만 지금은 팜유palm oil를 사용하고 있습니다. 둘은 안전성이 전혀 다르죠."

인스턴트 라멘에는 합성 보존료나 합성 착색료를 사용하지 않는다. 면과 분말 스프에 수분이 함유되어 있지 않으므로 물을 붓기 전까지는 유해균이 번식할 일이 없다. 그러므로 보존료를 사용할 필요 없이도 아주 오랫동안 보관이 가능하다.

"건면은 2년까지 맛을 유지한다고 하죠. 인스턴트 라멘도 거의 동일한 정도로 상당히 오래 보관할 수 있습니다. 보존의 장단 여부는 스프가 좌우합니다. 맛이 변하지 않아도 건조 파의 색깔이 갈색으로 변했다면 보기 싫고 먹고 싶지 않겠죠. 그래서 일본에서는 유통 기한을 6~8개월로 잡아요. 하지만 해외에는 1년인 경우도 있습니다."

그렇기 때문에 해외에서는 유통 기한이 6개월뿐인 제품을 보면 오히려 '품질이 떨어지는 제품인가?' 하고 의심하는 경우도 있단다.

환경 호르몬에 대한 오해

한때 환경 호르몬 문제가 화제였다. 즉 '용기에서 화학 물질이 녹아 나와서 우리 몸의 호르몬 균형을 붕괴시킨다'는 이야기였다. 지금은 그 주장이 어떻게 되었을까?

"비스페놀 A bisphenol A 말이죠."

1996년에 발간된 테오 콜번 Theo Colborn의 《도둑맞은 미래》에서 언급된 것이 바로 이 환경 호르몬이다. 폐기된 석유 추출 제품에서 나온 화학 물질이나 농약 등 유기 염소계 화합물이 생물의 체내에서 성 호르몬처럼 작용하여 기형, 불임, 수컷의 암컷화 등을 일으킨다고 했다.

환경 호르몬은 국제적인 문제로서 환경 운동의 새로운 화두로 언급되는 일이 많았다. 환경 호르몬 중 하나가 바로 비스페놀 A다. 플라스틱 용기에 사용되는 폴리카보네이트 polycarbonate 수지로부터 비스페놀 A가 녹아 나와 체내에 흡수되면 여성 호르몬과 같이 작용한다는 주장이다.

폴리카보네이트 수지 외에도 컵 라멘에 사용되는 발포스티롤이나 폴리스티렌 polystyrene의 용기로부터 스티렌 다이머 styrene dimer와 스티렌 트리머 styrene trimer라는 환경 호르몬이 녹아 나온다고 했다. 그 때문에 인스턴트 라멘에 사용되는 플라스틱 용기가 위험하다는 우려가 생겼다.

"당시에는 잘 몰랐기 때문에 비스페놀 A를 내분비 교란을 일으키는 물질로 분류했습니다. 하지만 이후 환경청에서 동물 실험, 임산부 혈중 잔류 농도 조사 등을 실시한 결과 사람의 건강에 영향을 미치지 않는다고 보고서를 작성했습니다."

후생성의 《내분비 교란 화학 물질의 건강 영향에 관한 검토회 중간보고》(1998년 11월 19일)는 스티렌 다이머와 스티렌 트리머도 인간의 건강에 미치는 영향이 없다고 결론을 내리고 있다. 결국 사회적으로 센세이션(수컷도 암컷화되어 결국 새끼를 낳을 수 없게 되다니 놀랍지 않은가!)을 일으킨 환경 호르몬을 과학적으로 검증했더니 이 모든 위험성이 오해였던 것이다.

"과거에 화제였던 잘못된 정보가 지금까지 사람들 머릿속에 남아 있는 거죠."

안전과 안심은 구분해야겠지만 어쨌든 과학적인 관점에서 환경 호르몬의 위험성은 없다. 그렇다면 최근 늘고 있는 리필 타입 제품이나 종이 용기 제품은 어떨까? 사실은 플라스틱 용기에 유독성이 함유되어 있기 때문에 종이 용기나 리필제품을 개발한 게 아닐까?

"아뇨, 그렇지 않습니다. 그건 재활용법 때문입니다."

'친환경 용기 포장 설계의 기본 지침(2007년 5월부터 제한)' 중 용기 포장 재활용법에 따라 플라스틱 제품의 재자원화가 요구되고 있다. 이제는 컵 라멘 용기도 사용 후 폐기되는 게 아니라 재활용되는 비율이 높아졌다.

"플라스틱 제품 재활용에 기업들이 400억 엔 정도를 부담하고 있습니다. 그래서 지금은 종이 용기가 더 쌉니다. 가능한 한 간단하고 적게 포장해야 재활용 비용을 줄일 수 있죠."

사용한 용기도 폐기되지 않고 재활용되는 만큼 친환경 제품이라 할 수 있겠다.

인스턴트 라멘, 세계를 점령하다

이제 인스턴트 라멘은 전 세계에서 소비되고 있다. 일본 내 연간 생산량은 56억 4000만 개, 전 세계 총 소비량은 약 977억 개다. 중국과 홍콩의 소비량이 절반 정도를 차지하지만 그 외에는 아시아권과 전 세계 곳곳에서 소비되고 있다. 그만큼 인스턴트 라멘은 세심한 현지화가 이루어지고 있는 셈이다. 일본 내에서도 간토 지역과 간사이 지역에 각각 유통되는 컵 우동 제품 맛이 서로 다르다.

"지역에 따라 선호하는 맛 경향이 있어서 그에 걸맞게 제품을 만들고 있습니다. 동일본에 유통한다면 그 지역의 맛집을 찾아가 그 맛을 기준으로 삼습니다. 그다음에 마케팅부나 영업부의 의견을 참고해 조정합니다. 해외 수출용 제품의 경우 공장은 현지에 두고 현지인 입맛에 맞추어 맛을 만듭니다. 일본인에게는 선호되지 않더라도 현지에서 인기 있는 맛이 있답니다."

일본 제조사가 해외 수출용 인스턴트 라멘을 일본 내에서 판매하는 경우가 늘고 있는데, 이런 상품조차 그대로 판매하면 일본인의 선택을 받지 못하기 때문에 일본인 입맛에 맞추어 맛을 바꾼다. 이런 현지화 작업 중에는 화학조미료 사용에 대한 대응도 있다.

"동남 아시아권에서는 화학조미료를 상당히 자주 사용하는데, 유럽이나 미국에서는 부정적으로 보죠. 그래서 유럽, 미국에서 유통하는 제품 중에 화학조미료를 사용하지 않은 제품이 많습니다. 인도에서는 화학조미료를 더한 제품이 판매 금지가 되어 버렸죠."

물론 화학조미료는 위험하지 않지만 각 나라 소비자의 동향이나 분위기에 맞춰 제조 회사들도 대응하는 것이다.

일본인스턴트식품공업협회에서는 인스턴트 라멘을 이용한 레시피를 공모하거나 조리 연구가들의 레시피를 소개하고 있다. 이를 통해 인스턴트 라멘에 부족한 비타민이나 미네랄 같은 영양소를 보충하면서 먹는 법과 조리법을 제안하는 것이다.

"일본 각지의 영양사 모임 주최로 '인스턴트 라멘과 건강·영양 세미나'를 1년에 5회 정도 개최하고 있습니다. 조리 실습은 물론이고 소믈리에인 다사키 신야田崎真也처럼 유명한 분들을 강사로 초빙하여 영양학에 대해 배우고 있습니다."

초등학생들을 대상으로 인스턴트 라멘 레시피를 공모하고, 조리 전문가를 꿈꾸는 학생들을 대상으로 콘테스트를 개최하는 등 다양한 정보와 지식을 알리는 데 힘쓰고 있다.

그렇다면 인스턴트 라멘과 건강의 관계 문제는 결론이 났다고 할 수 있을까? 인스턴트 라멘 자체에 건강을 해치는 요소는 없다. 안도 모모후쿠 씨처럼 매일 치킨 라멘을 먹어도 90세 넘어서까지 건강하게 지내는 사람도 있으니까. 단지 영양 밸런스가 필요할 뿐이다. 그런데 영양 불균형의 책임을 인스턴트 라멘에게만 지우는 건 너무 가혹하다.

여하튼 인스턴트 라멘이 건강에 해를 끼치지 않는다는 것을 알게 되어 다행이다. 아까 세어 보니 우리 집에 인스턴트 라멘 5봉지와 컵 라멘 2개가 있었다. 점심으로 인스턴트 라멘을 끓여 먹어야겠다.

라멘 명가의 맛을 과학으로 재현하다

우리는 마트나 슈퍼마켓에서 유명 가게 라멘의 맛을 재현한 인스턴트 라멘을 쉽게 찾아볼 수 있다. 일반적인 제품과 비교하면 비싸지만 확실히 더 맛있다. 그 가게의 맛을 모르더라도 가정에서 가볍게 해 먹을 수 있고 외식하는 기분도 맛볼 수 있다. 하지만 아무리 완성도가 높아도 인스턴트 라멘이라는 점에는 변함이 없다. 제조 과정에서 과학적인 공정을 거치는 게 틀림없다. 그리하여 자세한 설명을 듣기 위해 직접 제조 회사를 찾아갔다.

라멘 브랜드 '명점전설'의 히트

여기에도 '명점전설銘店伝説(인스턴트 라멘 제조 회사 '아일랜드식품アイランド食品'이 내놓은, 유명 가게의 맛을 재현한 인스턴트 라멘 브랜드—옮긴이)'이 있네! 마트의 식품 코너와 냉장 식품 선반을 둘러보았다. 뜨거운 물을 붓고 3분만 기다리면 간편하게 먹을 수 있는 컵 라멘 제품도 있고, 냄비에 끓여서 만드는 반조리 라멘 제품도 있다.

최근 인기를 끌고 있는 반조리 라멘, 냉장 보관 라멘은 맛이 아주 좋다. 나도 자주 사 먹는다. 먹을 때마다 '웬만한 라멘 가게는 이길 수 없겠는걸' 하고 감탄하게 된다. 그 정도로 맛있다.

은색 포장지를 뜯고 정체불명의 진득한 갈색 액상 스프를 뜨거운 물에 풀면 대를 잇는 가게의 쇼유 라멘, 삿포로의 미소 라멘, 하카타의 돈코츠 라멘과 같은 맛을 즐길 수 있다. 식품 공학이 무서울 정도로 발전했음을 느낄 수 있다.

어떻게 다양한 맛의 국물을 작은 은색 봉지 안에 담을 수 있었을까? 게다가 최근에는 전국적으로 유명한 가게 이름을 내건 제품도 판매되고 있다. 정말 원조 가게의 맛과 같을까? 삿포로나 하카타에 가 보지 않은 사람을 적당히 속이고 있는 게 아닐까?

유명 가게의 분점이 모여 있는 지방의 푸드 코트가 떠올랐다. 하지만 너무 맛이 없어서 반도 먹지 못하고 남겼다. 도저히 다 먹을 수 없었다. 차라리 3분의 1 가격의 냉장 라멘을 사 먹는 게 낫겠다.

가성비를 따져 봐야겠다는 생각으로 마트 진열대를 살폈다. 역시 유명 가게의 맛을 찾을 수 있었다. 이쪽은 토미타, 저쪽은 하카타 다마루博多だるま……. 어? 그런데 모두 같은 회사의 제품이네? 나는 여러 제조 회사가 각각의 제품을 출시한 거라고 생각했었다. 그런데 가게 이름이 큼지막하게 박힌 포장지 디자인이 거의 비슷했다. 자세히 보니 내 예상과 달리 전부 같은 회사에서 출시한 것이다. 똑같은 패키지였던 셈이다.

포장지에 적힌 상표명이 조그마해서 잘 보이지 않아 무심코 다른 회사들의 제품이라고 여겼다. 하지만 전부 '명점전설' 시리즈다. 지금껏 같은 브랜드인줄도 모르고 호프켄ホープ軒, 요시무라야吉村家, 토미타 제품을 먹은 것이다. 모두 맛있었다. 오리지널 가게의 맛과 완전히 똑같지는 않겠지만 가격을 생각하면 잘 만들었다고 납득할 만한 수준이다.

제조사인 '아일랜드식품'은 카가와 현에 위치하고 있었다. 카가와 현이라면 우동으로 유명한 곳이다. 매일 아침에 우동, 점심에도 우동, 저녁에도 우동을 먹는다는 풍문이 있는 그 카가와 현이다. 사누키 우동의 본고장 중의 본고장에서 라멘을 만든다고?

수도꼭지에서 우동 국물이 나오는 동네?

아침 첫 비행기로 카가와 현에 갔다. 다카마쓰공항에 내리자 이리코(쪄서 말린 잔멸치) 육수 향이…… 나지는 않았다. 그런 만화 같은 일이 일어날 리가 없다. 편의점 수도꼭지에서 우동 국물이 나온다는 이야기도 들었기에 두근두근 기대하며 편의점을 찾았지만 '준비 중'이라는 푯말이 걸려 있었다. 어쨌든 국물이 나오는 수도꼭지의 존재는 확인했으므로 용건은 달성했다.

랜터카를 빌린 뒤에 아침 식사로 사누키 우동을 먹었다. 시코쿠 지역에 와 본 것도 처음, 본고장의 사누키 우동도 처음이었다. 준비되어 있는 쟁반과 접시에 튀김을 골라 담고 우동을 주문했다. 이렇게 골라 먹는 스타일은 체인점 '하나마루はなまる 우동'의 방식이다. 하나마루 우동의 본점이 카가와 현에 있다고 하더니, 이 방식의 원조가 카가와 현의 우동이었구나 하는 생각이 들어 감동했다.

이리코 육수, 역시 맛있다. 면도 부드럽고 쫄깃했다. 매 끼니마다 우동을 먹는 사람의 심정이 이해가 갔다. 오사카에서 온 사람들이 옆 테이블에 앉아 있었다. 현지인이 가이드를 하고 있었는데 카가와 현 사람들은 어지간해서는 집에서 흰밥을 먹지 않는다고 설명한다. 역시!

사누키 우동 선수권 대회의 우승자가 운영하는 라멘 가게에도

가 보았다. 그곳의 국물은 사누키 우동 국물에 가깝다. 이리코 국물은 약간 달고 짠맛이 강한데 여기에 세아부라를 더한다(부드러운 돼지비계 덩어리를 강판에 갈아서 그 가루를 국물에 넣는 것—옮긴이). 신비한 국물이다. 면도 도자기처럼 매끈매끈한 것이 신비롭고 특별하다. 겉보기에는 이리도 쫄깃쫄깃할 줄 몰랐다.

사누키 우동의 훌륭한 맛을 그대로 라멘으로 옮겨 온, 새로운 느낌의 라멘이었다. 과연 '우동 현'이라고 부를 만하다고 납득했다. 국도변은 우동 가게로 가득했다. 도대체 이 동네 사람들은 우동을 얼마나 사랑하는 걸까? 이 강력한 우동의 포위망 속에서 전국적으로 냉장 라멘을 판매하고 있는 아일랜드식품이라는 회사는 얼마나 대단할까?

명점전설의 전설적인 시작

"우리 회사는 원래 기념품 제조사였습니다."

주식회사 아일랜드식품 상품기획개발부의 가와타키 유지川瀧裕司 씨의 설명에 의하면, 기념품으로 팔던 사누키 우동을 전문적으로 개발한 게 명점전설의 시작이었다고 한다. 보다 본격적으로 냉장 라멘을 만들게 된 것은 회사가 우동용 스프 공장을 설립하고서부터다.

"카가와 현에는 우동 제조 회사가 많습니다. 그래서 우동이라는 메뉴로 새로운 기념품을 개발하기는 쉽지 않았지요. 그렇게 시행착오를 거치면서 라멘을 기념품으로 만들기 시작했습니다."

우동 가게가 그처럼 많으면 그 속에서 차별화를 꾀하기란 지극히 어려웠을 것이다. 우동에서 라멘으로 노선을 바꾸어, 박스로 포장한 기념품 라멘을 발매했다. 그렇지만 기념품 업계는 이미 성장 잠재력이 없었다.

"요즘은 옛날처럼 이웃이나 친척들에게 여행 기념품을 선물하는 일이 거의 없잖아요?"

기념품 사업을 단념하고 대량 소매점을 대상으로 한 명점전설 브랜드를 론칭한 것은 2008년의 일이다. 유명 가게들의 감수를 받아 개발한 제품이 이제 47개나 되었다. 하지만 유명 맛집은 일본 전국에 넘쳐난다. 《외식 산업 마케팅 편람》에 의하면 라멘 가게는 2016년 기준으로 일본 전역에 약 1만 5600개나 있다.

"인터넷, 잡지, TV, 입소문을 토대로 영업부와 상의하여 가게를 선정하면 교섭을 시작합니다. 그다음에 우리 개발부가 가게를 찾아가 직접 먹어 보고 면과 국물 샘플을 가지고 옵니다. 이를 검토하고 시안을 만들어 평가를 받고 수정해서 또 평가받고 수정하는 과정을 반복합니다."

참으로 힘든 작업인 것 같다. 하나의 제품이 완성하기까지 기간은 얼마나 필요할까?

"정해진 기한은 없습니다."

기한이 없다고?

"단번에 오케이 사인이 나올 때도 있고, 3년이 걸릴 때도 있습니다. 우리는 개발 기한이 없는 회사예요."

명점전설의 콘셉트는 '맛의 재현'이다. 말은 간단하지만 어떻게 맛을 재현하는 일이 가능할까? 솔직히 나조차도 맛있는지, 없는지 판단이 어설프다. 어떤 재료로 국물을 냈는지, 어떻게 조합했는지 따위 전혀 모른다. 가와타키 씨처럼 개발 전문가는 먹어 보면 어떤 재료를 사용했는지 금방 알 수 있을까?

"대개는 알 수 있습니다. 그러나 모든 재료를 알아맞히는 건 어렵고 주요한 재료 정도는 웬만큼 알 수 있습니다. 간혹 생각하지도 못한 것이 들어 있을 때도 있습니다."

가와타키 씨는 어디까지나 맛 배합을 알아내는 쪽이 아니라 배합을 통해 비슷한 맛을 내는 블렌더blender 쪽에 가깝다고 했다. 자사에서 출시한 스프는 물론이고 다른 제조 회사의 다양한 향신료나 그 가게에서 사용한 국물 재료를 조합해 오리지널 맛에 근접하도록 만든다.

"시중에 이런 엑기스 제품이 많습니다. 가령 맛집에서 ○○산 가쓰오부시를 사용한다고 하면 엑기스 제조 회사에서 나온 똑같은 가쓰오부시 엑기스를 활용합니다."

1억 개의 제품을 만드는 데 불과 10~20종류의 원료만 조합한다. 이를 개발하는 사람은 가와타키 씨를 포함해 단 2명뿐이다.

"처음에는 일단 진행해 보라는 지시를 받고 저 혼자 무작정 시작했습니다."

어지간히 가혹한 업무 명령이 아닌가 싶다.

닮고 싶다, 명가의 맛

"우리가 직접 스프를 만들기 시작했지만 사실 누구에게 방법을 물어볼 수 없었습니다. 그래서 이것이 정답인지, 대기업은 어떻게 하는지 알 수 없었죠."

이때 가장 중요한 것이 가게와의 신뢰다.

"몇 번이든 계속 얼굴 도장을 찍어서 신뢰 관계를 맺습니다. 그래서 기한 따위 정할 수가 없는 거죠. 2년이든 3년이든 서로가 인정할 때까지 한다는 것이 우리의 기본자세입니다. 대기업은 아마 그렇게까지 하지는 않을 거예요. 개발 기한이 없다는 것은 우리 회사의 대표도 강조하는 부분이자 우리 회사의 강점이라고 생각합니다."

냉장 라멘의 맛이 유명 맛집과 똑같을 수는 없다. 당연하다. 원가에서 차이가 나기 때문이다. 하지만 가능한 범위 안에서 최선을 다한다. 그렇게 '이 정도라면 좋다'고 가게도 납득할 맛을 선보이고 있다. 또한 시장에 출시한 뒤에도 세세하게 맛을 개량하여 되도록 오리지널의 맛에 가까워지도록 만든다.

"가게에서 직접 먹는 맛과 다르겠지만 그래도 가정에서 그 맛의 분위기를 느끼고 싶을 때가 있잖습니까? 물론 오리지널 맛과 전혀 다르다고 질타를 받은 적도 있지만요."

자연스러운 맛을 내는 것이 특히 어렵다.

"하카타 라멘에는 돈코츠 특유의 향이 있는데, 누구나 만족할 만한 향이 쉽게 나오지 않았습니다."

돈코츠 향료라고 할 만한 것이 있지만 약품 냄새가 나서 사용하지 않는다고 한다. 그렇다면 원가를 무시하고 점포와 똑같은 재료를 끓여 만든 엑기스를 사용하면 똑같은 맛이 되지 않을까?

"그렇지 않습니다. 가끔 가게의 레시피를 통째로 받기도 합니다. 할 수 있으면 해 보라는 의미겠죠. 하지만 똑같은 재료를 써서 똑같은 방법으로 만들어도 똑같은 맛이 되지는 않았습니다. 이렇게 맛을 내는 건 어렵습니다. 물 하나만으로도 맛이 변하니까요."

개발 현장에 잠입하다

개발실은 대학의 연구실 같았다. 벽에 나란히 붙은 스틸 선반에는 플라스틱 병과 유리병이 가득했다. 돼지껍데기 엑기스, 차슈 페이스트, 가쓰오부시 엑기스, 곤부시(다시마) 엑기스, 마다이(참돔) 엑기스, 트러플(송로버섯) 엑기스 등 뜻밖의 재료로 만든 엑기스들도 보였다.

"우리는 이런 것을 배합해서 맛을 만들고 있습니다."

그야말로 맛의 연금술사다. 스테인리스 실험대에서 새로운 스프를 배합 중이었다. 레시피에 따라 계량한 액상 스프나 향신료를 은색 봉지에 넣었다. 글루탐산이나 이노신산 같은 감칠맛 조미료도 사용할까?

"물론 사용합니다. 사용하지 않으면 원가가 높아지기 때문이기도 하죠. 하지만 개발 단계에서는 그다지 원가를 고려하지 않습니다. 일단 여러 방면으로 철저하게 해 보지만 식재료 엑기스만으로는 감칠맛을 내기 어려워요. 솔직히 감칠맛 조미료에 의지할 수밖에 없습니다. 게다가 지금은 그 맛을 선호하는 추세거든요."

식품 성분표를 보면 돼지고기 엑기스라고 적힌 것을 자주 볼 수 있다. 그것은 돼지고기 맛을 내는 효모 추출물일까?

"아뇨, 그렇지 않습니다."

가와타키 씨는 앞에 있던 큰 플라스틱 병을 집어 들었다.

"이걸 보세요. 이것은 돼지고기 엑기스지만 원료에 돼지고기와 소금이라고만 적혀 있죠?"

엑기스도 우수한 것부터 품질이 떨어지는 것까지 다양하다.

"보통 비싼 원재료는 엑기스도 비쌉니다. 트러플 오일 같은 것은 만 엔 단위라서 비싼 재료에 해당하죠."

염분 수치도 중요하다.

"값싼 라멘에 염분이 더 많이 들었거나 농후한 국물일수록 염도가 높은 것은 아닙니다. 이런 사실은 여러모로 재미있죠."

생각했던 것 이상으로 성실하고 착실한 작업이다. 큰 시행착오는 없었을 것이라고 지레짐작했던 나 스스로가 민망했다.

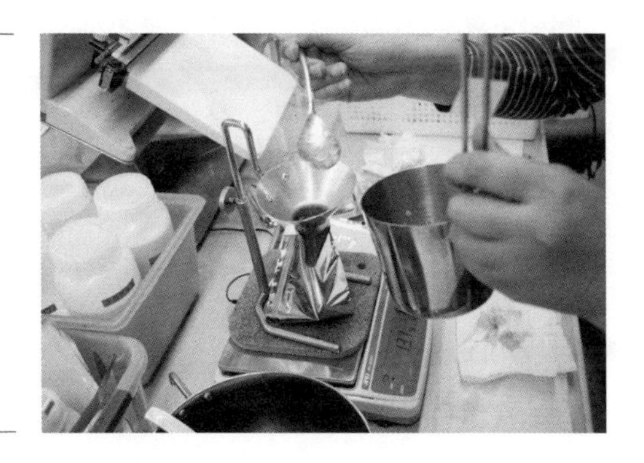

배합 중인 라멘 스프. 가게 주인이 인정할 만한 맛이 될 때까지 몇 년이고 수정 작업을 반복한다.

액상 스프의 비밀

죽 진열되어 있는 엑기스 병. 이들의 조합에 따라 일본 각지의 명물 라멘을 만들 수 있다. 냉장 라멘에 들어 있는 스프의 내용물은 엑기스, 조미료, 향신료를 배합한 것이다. 그렇다면 엑기스 그 자체는 어떤 제품일까?

액상 스프의 원료를 따로따로 구입할 수는 없다. 하지만 그것을 한데 섞은 라멘 스프는 쉽게 구할 수 있다. 액상 스프의 원료는 정체를 알 것 같으면서 모르겠고, 친숙한 것 같으면서 낯설었다.

제조한 회사에 직접 묻는 게 순서다. 아일랜드식품의 개발실에 진열되어 있던 엑기스의 제조 회사 이름 중 눈에 띄었던 것이 주식회사 후지식품공업富士食品工業이다. 1958년에 창업한 노포 중의 노포로, 액체인 간장과 고체인 미소 된장을 가루로 만드는 기술을 개발하여 인스턴트 라멘용 분말 스프 개발에 공헌했다. 인스턴트 라멘 탄생의 숨은 주역이자 인스턴트 라멘 스프의 대가인 것이다. 현재는 일반 소비자용부터 업소용까지 다방면의 액상 조미료와 액상 스프를 취급하고 있다.

영업지원부 소속으로 영양사와 조리사 자격증이 있는 베테랑 담당자를 소개받았다.

"저희가 직접 추출한 엑기스로 다양한 액상 스프를 만들고 있습니다."

액상 스프의 정체는 도대체 무엇일까?

"기본적으로 요리의 맛국물을 만드는 방법과 동일하게 재료를 보글보글 끓여서 제조합니다. 하지만 그 상태 그대로 상온에 유통시키면 쉽게 상합니다. 그래서 대개는 농축하죠. 또는 농축하지 않고 냉동 상태로 유통시키는 경우도 있습니다. 농축 과정을 통해 진해진 것을 엑기스라고 합니다."

진한 맛국물이 엑기스란 말인가?

"엑기스를 정확하게 정의하는 것은 쉽지 않지만 다른 말로 '농축액extract'이라고 할 수 있습니다. 요리 업계에서는 진한 것을 엑기스, 연한 것을 맛국물이라고 부릅니다."

맛국물은 요리의 종류에 따라 탕, 부용, 스톡, 브로도brodo 등 지칭하는 말이 다양하다. 재료의 감칠맛을 우려낸 것을 통칭해 엑기스라고 부른다. 치킨 엑기스, 포크 엑기스의 원료는?

"많은 종류의 포크 엑기스가 돼지 뼈를 원료로 씁니다. 라멘을 좋아하는 사람은 돈코츠도 좋아하는 경향이 있거든요. 여기에 돼지고기를 더하기도 합니다. 또한 치킨 엑기스는 닭고기나 닭 뼈가 원료입니다."

추출하는 방식은 라멘 가게와 마찬가지로 오래 푹 끓인다. 압력솥을 사용해 단시간에 뼛속에 있는 감칠맛을 추출하는 경우도 있고, 일정한 압력으로 장시간 끓여 낸 맛을 중시하는 경우도 있다.

"요리 장인이 지향하는 바에 따라서 어느 부위를 어느 정도 우려낼지, 어떻게 맛을 조합할지, 우려내는 시간과 부위와 제조 공정이 달라집니다. 요리사의 니즈에 맞춰 폭넓게 제품을 개발하고 있습니다."

살균 기술의 발전과 보존료

실로 다양한 엑기스가 있다. 뼈만 사용한 엑기스, 고기만 사용한 엑기스, 마늘 및 생강을 추가로 넣을 때도 있고, 채소를 넣을 때도 있다. 센 불로 끓여 뽀얀 국물을 낼지, 약한 불로 끓여 맑은 국물을 낼지에 따라서도 다르다. 다양한 요구에 맞게 여러 종류를 준비하고 있다.

엑기스에 채소 등 부수적인 원료를 추가한 스프를 '엑기스 조미료'라고 부르기도 한다. 라멘 가게 주인이 '가라스프(물 대신 사용하는 베이스 육수—옮긴이)'를 만들 때 양파나 인삼을 넣는 것과 같은 원리다.

"우려낸 엑기스를 그대로 액상 스프로 판매하는 경우도 있고, 간장 등의 조미료를 배합하는 경우도 있습니다. 여러 가지 원료를 가게에서 일일이 섞으면 그만큼 시간이 걸리죠. 그래서 가게의 요청이 있으면 사전에 조미료를 미리 조합해 둡니다. 미소 라멘용이 필요하다면 몇 종류의 미소 된장을 조합해 엑기스, 부재료, 향신료 등을 넣어 만듭니다. 그러면 미소 라멘 국물을 낼 수 있는 엑기스가 완성되지요."

이렇게 라멘 스프용으로 조합된 조미료를 '라멘 스프 엑기스'라고 한다. 그러면 여기에 보존료는 들어갈까?

"살균 방법에 따라 다릅니다. 열을 가해 멸균하면 보존료를 첨가할 필요는 없습니다. 레토르트 식품retort food, 카레, 즉석 밥 등은 통칭 '무균 팩'이라고 불립니다. 상할 일은 없지만 대신 제조일로부터 시일이 경과할수록 제조사가 정한 맛 기준보다 풍미가 떨어지지요. 그래서 유통 기한을 1~2년으로 한정하는 제품이 많습니다."

무균 충전 포장 기술은 순간적으로 고온 처리하여 제품을 무균 상태로 만들고 그 상태로 포장하는 새로운 방식이다. 이 기술이 개발된 덕분에 보존료를 사용하지 않고도 무균 상태로 팩 포장을 할 수 있게 됐다.

"과거에는 포장재 기술이 지금만큼 뛰어나지 않았기 때문에 인스턴트 라멘 스프의 봉지에 미세한 구멍들이 나기 일쑤였습니다. 그래서 스프에 습기가 차고 풍미가 떨어지는 일이 많았습니다."

지금은 알루미늄 팩으로 단단하게 밀봉되지만 당시의 포장은 헐렁했다. 그래서 라멘 포장지의 모서리 부분에 눈에 띄지 않는 미세한 구멍이 생기곤 했다.

"액상 스프를 인스턴트 라멘에 첨가할 수 있게 되기까지는 시간이 걸렸습니다. 하지만 조미료 제조 기술도 점차 발전했죠. 보존만을 위한 것이라면 가루는 액체에 비해 수분이 적기 때문에 쉽게 상하지 않는다는 이점이 있습니다. 그래서 분말 스프가 유통 분야에서 많은 공헌을 했어요. 하지만 현재는 포장재 기술이 좋아져서 알루미늄이나 나일론을 여러 겹 겹쳐서 만들거나 포장재의 강도를 높이는 등 회사마다 대책을 강구하고 있습니다."

액상 스프가 인스턴트 라멘에 사용된 데에는 용기와 포장 기술의 발달 덕분이다.

"열을 가했을 때 풍미가 떨어질 우려가 있는 경우는 고온 살균 처리를 하지 않습니다. 그러면 다소 균이 남게 되지요. 하지만 유통될 때 서서히 균이 증식할 수 있으므로 산미료나 에탄올 등 보존료를 사용해 세균 증가를 방지합니다."

구체적으로 어떤 종류의 보존료를 사용하는지는 제조사의 방침, 보존 노하우, 고객 요청 등에 따라 달라진다.

"액상 스프의 수분 활성이나 당분 등에 따라 보존료 필요 여부가 가려집니다. 제품에 잔존해도 문제가 없는 균의 종류나 수는 법률은 물론이고 사내 규정으로도 엄격하게 정해져 있습니다. 그러므로 규정 이하로 억제할 수 있도록 살균 공정이 철저하게 이루어지고 있지요. 또한 제품화되었을 때 증가할 우려가 있는 균의 종류를 파악하고 이를 억제하기 위해 각각의 제품에 걸맞은 보존료를 결정하게 됩니다."

화학조미료에 의존하지 않는 맛

엑기스에 화학조미료를 더하지 않고도 제품화가 가능하다. 이 말은 요즘 유행하는 무화학조미료 라멘도 냉장 라멘으로 만들 수 있다는 뜻일까?

"소비자의 요구는 다양합니다. '무화학조미료 냉장 라멘'이 크게 히트할지 여부는 알 수 없지만, 글루탐산나트륨을 넣지 않고 개발하는 것은 가능합니다."

역시 가능하구나.

"원료를 듬뿍 써서 세심하게 우려내고 조합을 연구한다면 소비자가 만족할 만한 맛을 개발할 수 있습니다. 실제로 다양한 무화학조미료를 제조하고 있습니다."

화학조미료를 사용하지 않으면 라멘 스프가 될 수 없다고 생각했다. 하지만 인스턴트 라멘이나 냉장 라멘에 화학조미료를 사용하는 이유는 기술적인 문제보다 비용이나 맛의 문제였다.

"화학조미료가 들어가면 맛에 임팩트가 생기는 것은 사실입니다. 라멘을 좋아하는 사람 중에는 첫술에 확실한 임팩트를 느낄 수 있느냐를 중시하는 사람이 많습니다. 유명한 라멘 가게 중에도 화학조미료를 사용하는 곳이 적지 않습니다. 무화학조미료 사용과 '맛이 있다, 없다' '잘 팔린다, 안 팔린다'의 문제는 별개입니다. 무화학조미료를 선호하는 사람은 다른 가치관과 기준으로 제품을 고르는 것이라고 봐야 합니다."

라멘을 좋아하는 사람은 글루탐산나트륨이 없으면 뭔가 부족하다고 느끼는 사람이 많다.

"오늘날 라멘은 정말로 다양합니다. 달마다 정보지가 발매되고, 라멘 평론가의 코멘트에 이목이 쏠리는 등 일본의 국민 음식이 된 지 오래입니다. 그 때문에 소비자 각각의 니즈에 대응한 새로운 라멘이 점점 개발되고 있습니다."

맛국물 재료의 종류와 산지, 간장이나 미소 된장의 종류, 다시마, 가쓰오부시, 마른 멸치의 유무 등 원료와 제조 공정에서 특별함을 강조하는 프리미엄 제품 유형이 있는가 하면, 반대로 가격 경쟁력에 치중하는 제품 유형도 있다. 본고장의 맛이나 유명 가게 시리즈처럼 개발될 수 있는 제품 종류는 무한하다.

"맛 만들기는 상당히 어렵습니다. 화학조미료에 의지한 맛으로는 복잡하고 깊이 있는 맛과 향을 내기 힘듭니다. 그래서 국물 재료 본래의 풍미를 내기 위해 엑기스 등으로 보충하면서 밸런스를 높이죠. 니즈에 걸맞게 적절히 배합해서 고객이 원하는 맛을 개발하는 것이 우리의 역할입니다. 무화학조미료에 대한 니즈가 있으면 대응해야 하고, 무화학조미료에 대한 니즈가 없으면 화학조미료를 사용하고요."

가격과 품질의 밸런스는 소비자의 요구에 맞추어 정한다. 단순히 가격만으로 제품의 좋고 나쁨을 판단해서는 안 된다.

효모 추출물이란?

무화학조미료 라멘을 판매하는 체인점은 어떤 방식으로 맛을 만들까?

"효모 추출물을 사용한 무화학조미료 제품은 많이 있습니다. 효모 추출물은 식품이므로 첨가물이 아닙니다. 우리 회사는 빵효모를 이용해 효모 추출물을 생산하고 있지요. 빵효모를 사탕수수 당밀에 배양하면 감칠맛이 축적됩니다. 그 효모의 감칠맛을 이용한 조미료가 효모 추출물입니다. 이 효모 추출물은 감칠맛이 강해서 화학조미료를 대체할 것으로 주목받고 있습니다."

나카토가와 씨가 말한 대로였다. 효모 추출물을 사용한 덕분에 무화학조미료 라멘 개발이 가능해졌다. 화학조미료는 아미노산뿐이지만 효모 추출물에는 글루탐산뿐만 아니라 다른 아미노산도 풍부하게 함유되어 있다.

"빵효모의 종류나 배양 노하우에 따라 효모에 축적될 아미노산의 종류가 결정됩니다. 빵효모는 아주 오래전부터 식품으로 사용되었고 종류도 다양하지요. 한편 빵효모 외에 맥주 효모도 유명합니다. 맥주 양조에 주로 쓰이지만 맥주 효모 자체도 보조제나 조미료로 판매되고 있습니다."

혹시 후지식품에서 만든 업소용 액상 스프를 뜨거운 물에 타서 그대로 내놓는 라멘 가게가 있지는 않을까?

"물에 타기만 해도 되는 제품은 그렇게 사용하기를 권장하고 있습니다. 이런 제품 개발은 가라스프의 감칠맛이나 풍미를 엑기스로 만드는 방법에 중점을 둡니다. 그래서 업소용 스프의 경우 가정용 스프와 희석 배율이 다른 경우가 많습니다."

단순히 뜨거운 물에 타는 스프라고 해도 업소용과 가정용은 근본적으로 다르다. 라멘 가게들 중에는 업소용 스프에 맛국물을 더하거나 다른 국물을 더하는 경우도 많다. 어떤 가게가 가라스프로 희석하기를 원한다면 가게 주인과 상의하여 가라스프와 상성을 고려해 스프를 개발한다. 맛을 절반쯤 완성시킨 후 가게의 도움을 받아 마무리를 하는 셈이다.

"물에 타기만 해도 되는 제품에 대한 요구는 음식점의 인력 부족으로부터 기인하기도 합니다. 인건비는 기술과 밀접하게 관련되어 있죠. 뛰어난 라멘 기술을 지닌 장인은 그에 걸맞은 수입을 버는 게 당연합니다. 하지만 그런 노하우를 습득하려면 오랜 시간이 걸리기 때문에 신속하게 점포를 늘리기는 어렵죠. 그럼에도 내 가게의 라멘 맛을 더 많은 사람에게 선보이고 싶다고 생각하는 주인이 많아요. 하지만 미숙한 아르바이트생에게 체인점을 내주었다가 맛이 떨어지기라도 하면 단골도 발길을 끊을 겁니다."

바로 그럴 때 후지식품공업에 상담 요청이 들어온다고 한다.

"그러면 비밀 보장 계약을 체결하고 가게의 레시피를 전수받습니다. 그리고 맛의 비밀을 재현하기 위해 노력하지요. 대량으로 만들어야 하기 때문에 다소 공정이나 재료를 바꿔 보기도 합니다. 그렇게 의뢰한 요리사와 논의하면서 맛을 정해 나갑니다."

아일랜드식품이 하는 일을 후지식품공업에서도 하고 있었다. 하지만 아일랜드식품은 가게의 맛을 완벽하게 재현하는 건 불가능하다고 했다. 후지식품공업은 어떨까?

"그럴 수밖에 없는 2가지 이유가 있는데 하나는 공정의 문제입니다. 가게에서 이루어지는 조리와 공장에서의 생산은 많은 부분이 다릅니다. 가장 큰 차이는 대량으로 생산하고 품질 보증 심사를 거친 후에 유통 기한을 설정해서 시장에 유통시킨다는 점입니다. 라멘 가게 주방에서 만들어 곧바로 소비되는 것과는 근본적으로 다릅니다."

가게에서 라멘을 만들 때 재료를 굽고 끓이고 졸이는 등의 많은 과정이 공장에서는 불가능하다. 가게에서만 가능한 미세한 불 조절도 대용량 탱크를 사용하는 공장에서는 재현하기 상당히 어렵다. 또 하나의 이유는 재료다.

"가게에서 쓰는 것과 똑같은 종류의 재료를 대량으로, 안정적으로 입수하는 일도 어렵습니다. 제철 채소 같은 경우 수확 시기에 따라 맛이 달라지므로 상당히 신경 써야 합니다. 또 가게 주인이 원하는 가격에 맞게 제공해야 하기 때문에 원료비 산정도 쉬운 일이 아니고요.”

후지식품에서 취급하는 엑기스나 조미료의 종류는 얼마나 될까?

“근 2~3개월 내에 800종류 이상 생산합니다. 연간으로 보면 1000종류 이상이죠. 원료는 가능한 한 공장과 가까운 곳에서 신선한 것을 대량으로 구입하여 원가를 조금이라도 낮추고자 노력합니다. 저렴한 가격으로 신선도가 좋은 재료를 구하기 위해 해외에도 공장을 설립하고 있습니다.”

건조법에 따른 라멘 스프의 종류

독창적인 주문이 들어오는 경우도 있다.

“자라로 낸 맛국물이 있을까? 이번에는 양 뼈로 해 볼까? 하지만 양 뼈를 구할 수 있을까? 저마다 다양한 실험에 열을 열리는 모습을 보면 감동적이에요. 우리 회사도 도전하고 싶은 마음이 굴뚝같지만 희귀한 재료를 찾는 데에는 정말 품이 많이 듭니다.”

종교나 라이프 스타일 때문에 돼지고기를 먹지 않는 사람도 있다. 이슬람교에서는 돼지고기 섭취를 금하고 있고, 채식주의자에게 돼지 뼈 육수를 내면 소스라치며 질색한다. 이런 소비자들을 위해 돼지고기를 사용하지 않는 돈코츠 라멘을 개발하고 싶다는 주문도 있었다.

“도쿄올림픽 때 일본을 찾을 많은 해외 관광객을 겨냥한 주문이 있었습니다. 그때에는 여러 가지 조합을 연구해서 돼지고기를 쓰지 않은 돈코츠풍 라멘을 개발했지요.”

돼지 뼈를 사용하지 않기 때문에 돈코츠풍이라고 하는구나. 하지만 여기에 사용된 재료는 비밀이라고 한다. 최근 유행하는 조개 맛국물 제품도 출시했다. 바지락, 가리비 엑기스가 이미 마련되어 있기 때문에 배합만 하면 되었다.

"돼지 뼈 엑기스, 닭고기 엑기스, 닭 뼈 엑기스 등 단일 엑기스를 각각 개발해 두면 조합 비율만 달리해도 다양한 맛을 만들 수 있습니다. 그러므로 개발자는 조미료 조합사라고 할 수 있겠죠. 단일 엑기스를 고객의 요청에 맞게 블렌딩 하니까요."

액상 스프와 분말 스프는 원래 같은 것일까?

"원래 재료는 똑같아요. 액체나 즙 상태의 원료를 분말로 만들 뿐이죠. 분말로 만드는 다양한 기술이 있는데 라멘 스프 제조에는 분무 건조법, 동결 건조법, 드럼 건조법, 진공 건조법, 이렇게 4종류가 주로 사용됩니다."

액상을 건조시킬 때 열의 강도, 지속 시간에 따라 풍미가 달라진다. 그중 분무 건조법이 가장 많이 쓰인다. 섭씨 140~150도를 유지하는 큰 방의 위쪽에서 액체 원료를 분무한다. 원료가 낙하하는 동안 수분이 빠져 아래쪽에 도착하기 전에 분말로 변한다. 고온에서 가열하기 때문에 약간의 불 향이 더해진다. 가령 간장을 분무하면 구운 주먹밥 향으로 변하므로 이를 필요로 하는 제품을 만들 때 효과적이다. 물론 간장 고유의 맛을 원한다면 맞지 않는 방법이다. 어떻게 사용할지에 따라 정하면 된다.

동결 건조법은 원료를 영하 30~40도로 동결시킨다. 0.1~0.01수은주밀리미터의 진공 상태에서 승화 현상을 이용해 건조시키는 것이다. 원료를 가열하지 않으므로 풍미가 건조시키기 전과 비슷하다.

드럼 건조법은 커다란 스테인리스 드럼 외측에 페이스트를 바른 뒤 가열하면서 회전시킨다. 열 때문에 건조된 페이스트를 벗겨낸 후 분쇄하여 분말로 만드는 것이다. 페이스트를 구워 만들었기 때문에 강한 불 향이 난다.

진공 건조법은 후지식품공업이 자랑하는 건조법이다. 동결 건조법과 달리 동결시키지 않고, 진공 상태에서 기압 변화로 수분을 증발시킨다. 기압이 낮아지면 상온에서도 수분이 기화되는 원리를 이용한다. 후지식품이 원하는 풍미가 나게끔 빙정점 이상 비등점 이하에서 최적 온도를 연구하여 건조시킨다.

그 밖에도 밀폐된 공간에 뜨거운 공기를 불어 넣어 건조시키는 열풍 건조법이 있다.

"좋은 풍미 유무 외에도 제조비용을 고려해야 합니다. 동결 건조법은 원료의 풍미가 살아 있다는 장점이 있지만 비용이 비쌉니다. 고객의 제품 콘셉트, 풍미와 비용의 밸런스를 고려해 최적의 건조 방법을 선택하고 있습니다."

소비자의 먹거리 안전을 위하여

"우리 회사가 자랑하는 기술로 효모 분해가 있습니다. 널리 알려져 있는 효모 중에 고기를 부드럽게 만드는 파파인papain 효모가 있는데요. 주로 파인애플에 들어 있는 단백질 가수 분해 효소죠.

우리 회사에서는 다양한 효모를 사용하여 고기를 아미노산으로 분해하고 조미료에 응용하고 있습니다. 가령 교쇼 간장이라는 조미료는 생선을 발효시켜 만드는데, 생선이 가진 효모를 이용했기 때문에 감칠맛이 상당히 강합니다."

2017년 9월 1일부로 모든 가공식품(수입품 제외)에 원료 원산지 표기가 의무화되었는데 현재는 유예 기간이다. 포장지에 인쇄된 문구를 전부 바꿔야 하기 때문에 곧바로 따르기가 불가능해서 유예 기간을 둔 것이다. 그리고 액상스프도 산지를 명기하지 않으면 안 된다.

"표기 법규는 소비자가 알기 쉽도록, 보다 많은 정보를 제조자 측이 제공하는 방향으로 개정되고 있습니다. 앞으로는 가공식품에도 원산지 표기가 의무화될 것입니다. 소비자는 더 많은 정보를 얻을 수 있게 되었죠."

소비자에게 있어서 안심하고 구입할 수 있는 요건이 하나 더 늘어났다고 할 수 있다. 광우병 사태 이후, 소는 물론이고 돼지도 개체 관리 체제가 제대로 확립되었다. 닭도 조류 인플루엔자 사태 이후 철저하게 관리되고 있다.

"우리 회사는 '소비자가 알기 쉽게'를 좌우명으로 삼고 있습니다. 가능한 한 세부적인 정보까지 제공하는 데 힘쓰고 있지요. 특히 신경 쓰는 부분이 알레르기 유발 성분 표시입니다. 라멘 스프의 주원료인 소고기, 돼지고기, 닭고기는 표시 의무가 없지만 알레르기 유발 성분은 표시하도록 권장되고 있습니다. 우리 회사는 이를 따르고 있고요."

돼지 뼈 엑기스의 경우 원료가 돼지 뼈뿐이라면 돼지고기가 아니기 때문에 알레르기 유발 성분 원료에 해당되지 않는다. 그래서 법적으로 표기할 의무는 없다. 하지만 상식적으로 생각했을 때, 돼지고기가 전혀 붙어 있지 않은 100퍼센트 돼지 뼈는 없다. 돼지 뼈 엑기스를 생산할 때 돼지고기를 쓰지 않았다고 착각하면 큰일이다.

그런 연유로 후지식품공업에서는 돼지 뼈 엑기스를 배합한 제품은 포크 엑기스라고 표시하고, 알레르기 유발 성분 표시에도 '돼지고기 함유'라고 명시하고 있다. 소비자의 먹거리 환경이 더욱 안전하게 바뀐 셈이다.

염도의 원리

아일랜드식품에서 엑기스 외에 신경 쓰고 있는 것이 염도다. 라멘 스프는 마치 생물과 같다고 한다. 재료 상태, 기온, 기후, 시간 등의 조건에 따라 시시각각 상태가 변하기 때문에 맛을 일정하게 유지하는 것이 매우 어렵다.

그래서 객관적인 기준이 필요한데 그중 하나가 염분계와 농도계다. 이 기구를 이용해 염도와 국물 농도를 측정함으로써 맛을 일정하게 유지한다. 맛집의 라멘을 냉장 라멘으로 재현하려면 당연히 원래 라멘과 염분 및 국물 농도를 맞출 필요가 있다.

대표적인 염분계는 주식회사 아타고의 제품이다. 아오바, 소라노이로, 다이쇼켄 등 이름만 들어도 알 만한 라멘 가게들이 아타고의 염분계와 농도계를 사용하고 있다. 아일랜드식품에서 사용하는 염분계도 아타고의 제품이다. 아타고의 담당자를 찾아가 이야기를 들어 보았다.

"지금은 디지털 방식이 주류지만 아날로그 방식이 주류였던 때부터 우동, 소바용 농도계나 라멘 국물용 농도계를 꾸준히 생산하고 있습니다."

농도계는 빛의 굴절을 이용해 농도를 측정한다.

"컵에 빨대를 꽂으면 물과 공기의 경계면에서 빨대가 구부러져 보입니다. 공기와 물의 굴절률이 다르기 때문이지요."

이것이 바로 빛의 굴절 현상이다. 욕조에 들어가면 손발의 위치가 다르게 보이는 것도 빛이 굴절하기 때문이다. 빛이 굴절하는 각도는 용액의 농도에 따라 다르다. 농도가 진할수록 심하게 굴절된다. 가령 물에 설탕을 많이 녹일수록 굴절률이 높아져서 빨대의 구부러진 정도가 커진다.

"굴절률과 당도는 상관관계가 있으므로 굴절률을 알면 당도도 알 수 있습니다."

굴절률과 당도의 관계는 '국제설탕분석통일위원회'에 의해, 브릭스brix라는 단위가 국제 규격으로 정해졌다. 굴절률은 온도에 따라서도 달라지므로 섭씨 20도일 때 잰 값을 기준으로 삼는다. 액체 100그램당 설탕 함유율과 굴절률을 대응시키면 브릭스 수치를 알 수 있는 것이다.

"빛의 스펙트럼에 따라 굴절되는 정도도 다릅니다. 그래서 D선이라고 불리는 스펙트럼선을 기준으로 삼습니다. 눈으로 보았을 때 오렌지색에 해당하는 빛이지요."

채소나 과일의 당도 수치는 거의 그만큼의 설탕이 들었다고 보면 된다. 즉 당도 15브릭스라고 표기되어 있다면 100그램당 15그램의 당이 들어 있다는 뜻이다. 하지만 라멘 스프의 경우 어떤 원료가 얼마나 들었는지는 알 수 없다. 돼지 뼈가 몇 퍼센트인지, 닭 육수가 몇 퍼센트인지 세세하게 알 수는 없는 것이다. 그저 전체 스프에서 건더기가 얼마나 차지하는지 정도만 표시된다.

인스턴트 라멘과 포테이토칩의 공통점

염도는 당도나 국물 농도와는 측정 방식이 다르다.

"전기 전도의 정도, 즉 전기가 어느 정도 흐르느냐로 측정합니다. 염화나트륨은 전해질이므로 물에 녹으면 전기가 통하게 됩니다. 염분 이외의 전해질이 음식물에 포함되어 있는 경우도 있겠지만 전부 염화나트륨으로 치고 계산합니다."

인스턴트 라멘의 경우 대개 1.4~2퍼센트라고 한다. 350그램짜리 라멘 한 그릇에 최대 7그램의 염분이 든 셈이다. 일본 남성의 하루 평균 염분 섭취량은 11.1그램이다. 일본 후생노동청이 정한 하루 염분 섭취량 목표치는 8그램이다. 고혈압학회의 권장 분량은 6그램 미만이다. 새삼스럽지만 라멘에는 염분이 참 많다.

"인스턴트 미소 된장국의 염도는 1.2~1.5퍼센트 정도입니다. 200그램의 양이라면 3그램이 든 셈이죠. 하루 세 끼 미소 된장국을 먹으면 하루 권장량에 달합니다. 고혈압인 사람은 저녁 식사

때 나온 생선회를 아무런 양념 없이 먹어야 하는 정도죠."

"고혈압학회의 설정에 오류가 있는 것은 아닐까요?"

"나가노 현에서 열린 저염 요리 행사에서 저염식 미소 된장국을 선보였는데 대개 0.5~0.7퍼센트 정도였습니다."

"절반 이하로 만드는 게 가능하군요. 저염이라는 말은 자주 들었지만 이렇게 숫자로 들으니 더 쏙쏙 들어오는데요?"

"며칠 전에는 포테이토칩을 조사했습니다."

"포테이토칩에는 염분이 많을 것 같아요."

"포테이토칩을 물에 10배 희석하여 측정했는데 0.7~1.2퍼센트였습니다."

포테이토칩도, 라멘도 생각보다 의외로 염분이 적었다. 일본인은 염분을 지나치게 많이 섭취한다는 말이 있다. 3.6퍼센트의 단무지, 13퍼센트의 간장 등 짜지 않은 음식이 없다. 그러니까 평상시에 신경 쓰도록 하자.

농도에 따른 국물 맛의 변화

"미각과 당도 및 염도는 일치하지 않습니다. 같은 당도라도 멜론과 우엉은 성분이 달라서 단 정도가 다릅니다. 라멘도 마찬가지로 같은 농도여도 건더기가 다르면 맛이 다르죠."

아침에 끓인 국을 저녁에 또 먹으면 그만큼 졸아서 수분이 줄고 농도는 올라간다. 이를 조정하려면 농도계를 사용하여 측정하거나 체인점에서 완전히 똑같은 재료를 들여와 국물을 새로 만들어야 한다.

가게에 따라서는 맛국물을 낼 때부터 농도를 측정하기도 한다.

"라멘 가게 주인 중에는 국물이 완성되었을 때가 아니라 가쓰오부시든 다시마든 맛국물을 우릴 때부터 농도를 측정하는 사람이 많습니다."

그만큼 섬세한 작업이라는 뜻이다. 특히 무화학조미료를 사용하는 경우 식재료 상태에 따라 맛이 달라진다. 그 맛의 어긋남을 줄이는 것이 관건이다.

감칠맛과 염도의 관계

시중에 판매하는 동일한 회사 제품의 라멘 스프들을 농도계와 염분계로 측정해 봤다. 방법은 간단하다. 스포이트로 센서 부분에 국물을 떨어뜨리고 시작 버튼을 누르면 3초 만에 측정이 완료된다. 아날로그 방식 굴절계는 초보자가 눈금을 읽는 것이 어렵지만 디

아타고 제품의 염분계와 농도계로 시판용 라멘 국물의 농도와 염도를 측정했다. 스포이트로 용액을 떨어뜨리고 버튼을 누르면 된다. 다만 이 기구들은 업소용이므로 가격이 비싸다.

지털 방식은 한 방에 끝난다. 우선 돈코츠 라멘을 측정했다.

"기름기는 국물에 녹지 않으므로 피하는 게 좋습니다."

측정해 보니 농도는 5.1퍼센트, 염분은 1.48퍼센트였다. 돈코츠 라멘의 염분량은 미소 된장국 정도다. 다만 여기에 면의 염분을 더하면 상당히 높아진다.

"고혈압인 사람에게 라멘은 좋지 않죠."

미소 라멘의 농도는 6퍼센트, 염분은 1.35퍼센트였다. 미소 라멘이 돈코츠 라멘보다 더 걸쭉했다.

마지막으로 쇼유 라멘을 측정했다. 농도는 3.6퍼센트로 낮았고 염분은 1.58퍼센트였다. 3가지 라멘 중에서 가장 염분이 높았다. 그리고 감칠맛이 가장 적은 것은 쇼유 라멘이다. 감칠맛 덩어리인 돈코츠 라멘과 미소 라멘과 농도에서 차이가 났다. 농도가 낮은 쇼유 라멘은 감칠맛이 적고 그래서 염도가 높다. 맛을 증폭시키는 감칠맛의 효과로 염도를 낮출 수 있다는 게 사실이었다.

"흔히 간사이 지방 음식은 맛이 담백하다고 하죠. 하지만 간토에서 판매되는 컵 라멘과 간사이에서 판매되는 컵 라멘을 비교하면 간사이 것의 염도가 더 높았습니다."

담백한 맛에 염분이 더 많다는 이야기를 자주 들었는데 사실이었다.

"도쿄의 새까만 소바 국물과 간사이의 투명한 소바 국물을 비교하면 간사이 것이 염분이 더 많습니다."

외관상으로는 도쿄의 소바에 염분이 더 많아 보이는데 담백한 간장에 더 많았던 것이다.

라멘은 먹는 소리도 맛있다

라멘을 먹을 때 나는 소리를 언어로 표현할 때 일본인이 제일 먼저 떠올리는 흉내말이 '즈루즈루'와 '즈즛'이다. 이 표현은 사람들 사이에 완전히 정착했기 때문에 위화감을 느끼는 일본인은 없을 것이다. 그런데 어째서 이런 표현을 쓰게 되었을까? 우리 몸의 생리로 따져 보았을 때 이 표현은 자연스러운 것일까? 평상시에 당연하게 보아 넘겼던 '즈루즈루' 표현에 과학적인 메스를 대 보았다.

일본인은 왜 '즈루즈루' 먹을까?

뭔가 딱 들어맞지가 않는다. 만화에서는 라멘을 먹을 때 의성어로 '즈루즈루ずるずる'를 쓴다. 어쩐지 맛없을 것 같은 표현이다.

라멘을 먹을 때 나는 소리를 그대로 문자로 옮기면 '즈루즈루'라는 데에는 납득이 간다. 옆 사람이 라멘을 먹을 때 내는 소리는 확실히 '즈루즈루'였다. 하지만 이는 의성어일 뿐이다. 좀 더 자유롭게, 좀 더 맛있는 소리라면 좋지 않을까? 주인공의 등장으로 재미있어지는 순간에 나오는 '두둥!' 같은 표현처럼 말이다. 과연 사람이 나타날 때 어떤 소리가 나겠는가? 물론 아무런 소리도 나지 않는다. 무언가 소리가 날 때는 자동차와 부딪혔을 때 정도다. 그래도 '두둥!'이라는 표현은 납득이 간다. 어디까지나 일종의 흉내말이니까.

《오바케의 Q타로(1960년대에 나온 개그 만화—옮긴이)》에 등장하는 인물 코이케 씨는 항상 라멘을 먹고 있다. 코이케 씨라고 하면 '녹색 어머니회' 아니면 '라멘'이 떠오를 정도다. 그런 코이케 씨가 라멘을 먹을 때의 효과음이 '즈룻 즈루 즈룻'이다. '즈루즈루'의 시작은 그때부터였을까?

'못코리(뿔뚝)'라는 표현은 만화가 도쿠히로 마사야가 《셰이프업 란》에서 사용한 것이 최초다. '즈루즈루'를 처음 쓴 사람은 《오바케의 Q타로》를 그린 후지코 후지오일까? '즈루즈루'가 음식을 먹을 때 나는 소리를 표현한 의성어로서 얼마나 부적절한지 검색해 보면 알 수 있다.

"헤어진 남자 친구와의 관계가 '즈루즈루(질질)' 계속되고 있다."

"전 남자 친구와 미래는 없지만 만남을 '즈루즈루(끈덕지게)' 이어 가고 있다."

"'즈루즈루(질척질척)' 이어 가는 자책의 사념."

무섭다. 괴담의 한 구절 같지 않은가……. 다른 표현은 없을까?

"국을 국그릇에 '즈루즈루(주르륵)' 담았다."

"등뼈도 '즈루즈루(주르륵)' 빠졌다."

"아이의 발을 붙잡자 그대로 '즈루즈루(주르륵)' 하고 당겨져서……."(검색 결과들은 조금씩 의미가 다르지만 전부 '즈루즈루'를 사용하고 있다—옮긴이)

역시 무섭다! '즈루즈루'라는 요괴가 있다는, 필요 없는 정보까지 알게 되었다. 이 요괴는 주변을 질척질척 돌아다니면서 인간을 먹어 치우는 게임 캐릭터란다. 어쨌든 이 표현은 부정적으로 쓰이고 있다. '즈루즈루'라는 이름이 붙은 요괴가 있을 정도로 좋지 않은 인상이다.

이렇게 부정적인데 그래도 괜찮을까?

만화로 보는 라멘 의성어

의성어를 들었을 때 사람은 어떤 인상을 받을까? 《촉감의 호감과 불쾌, 그 촉감을 표현하는 의성어와의 관계》(와타나베 준지渡邊淳司 외 3인, 일본가상현실학회 논문)을 읽어 보았다.

'사라사라(사락사락)'나 '호카호카(폭신폭신)' 등 같은 음절이 2번 반복되는 표현을 '2음절 반복형 표현'이라고 한다. 그러므로 '즈루즈루'도 2음절 반복형 의성어다. 예를 들어 '사라사라'라는 표현을 들었을 때 좋은 기분이 든다면 '상당히 좋다, 좋다, 그럭저럭 좋다' 중에서 답을 고르고 나쁜 기분이 들었다면 '상당히 나쁘다, 나쁘다, 그럭저럭 나쁘다' 중에서 답을 고른다.

이렇게 1268개의 흉내말을 대상으로 좋은지 나쁜지 30초 이내에 답하는 실험을 실시했다. 이를 집계한 결과가 다음과 같았다.

"자음 [h] [s] [m]은 모음에 상관없이 '호감'과 결부되었고, 반대로 자음 [z] [g] [n] [sy] [j] [b]는 모음에 상관없이 '불쾌함'과 결부되었다."

사람들은 일본어의 하[は/h] 행, 마[ま/m] 행의 자음으로 시작하는 흉내말인 '히라히라(나풀나풀)' '사라사라'에 호감을 느끼고, 자[ざ/z] 행, 가[が/g] 행, 나[な/n] 행, 샤[しゃ/sy] 행, 쟈[じゃ/j] 행, 바[ば

/b] 행의 자음으로 시작하는 흉내말에는 불쾌함을 느끼는 경향이 강하다는 것이다.

'자라자라(까칠까칠)' '가리가리(으드득으드득)' '누루누루(번들번들)' '쟈쿠쟈쿠(질퍽질퍽)' '비리비리(드르륵드르륵)'…… 진짜 불쾌한 기분이 든다. 그래서 자 행의 2음절 반복형 의성어인 '즈루즈루'는 불쾌한 소리인 것이다.

그런데 '즈루즈루'를 사용한 이는 코이케 씨뿐만이 아니다. 코이케 씨를 오마주한 만화《라멘 너무 좋아 코이즈미 씨》의 주인공 코이즈미 씨는 라멘 가게를 순회하는 취미를 가진 여자인데 라멘을 먹을 때 이런 소리를 낸다.

"즈조조조."

"즈룻즈루즈루즈루."

"즈즈즈."

"갓갓, 가부(고기를 먹을 때)."

"고쿤고쿤(국물을 먹을 때)."

"갓(그릇을 놓을 때)."

"하(완멘 한 후의 감탄사)!"

불쾌함과 결부되는 자 행과 가 행의 자음으로 시작하는 소리를 내면서 먹고 있는 것이다. 요리 만화에 대해 이야기할 때《맛의 달인》을 언급하지 않을 수 없다. 주인공의 아버지이자 숙적, 우미하라 유잔이 라멘을 먹고 있는 장면을 보자.

"즛 즈즈 즈."

그 모습을 본 마이아사신문 문화부 여자 직원들이 부르짖는다.

"어쩜! 먹는 모습도 멋져!"

"보기 좋다!"

우미하라 유잔 정도 되면 라멘을 먹는 것만으로도 여성들에게 호감을 얻는가 보다. 자 행의 자음으로 시작하는 소리를 내며 먹어도 인기 폭발이다. 그것이 유잔이라는 생명체다.

인기가 있든 없든 상관없다. 혼자서 식사를 즐기는《고독한 미식가》의 주인공 이노가시라 고로도 라멘을 먹었다.

"즈루즈루."

"즈즈."

"하후, 하후."

역시 자 행의 자음으로 시작하는 소리, '즈루즈루'거리며 먹고 있다.

《아빠는 요리사》에서는 실연당한 여자아이가 울면서 주인공이 만든 라멘을 '즈루즈루' 먹는다.

"우마시(맛있다는 뜻을 과격하게 표현한 말—옮긴이)!"라는 대사로 유명한 야나기사와 키미오의 만화《대시민》에도 포장마차에서 라멘을 먹는 장면이 나온다.

"즛."

"즈루루."

"쥬루."

"즛즛즛."

라멘 그릇을 비우고 난 뒤 "맛있어(우마이)! 아저씨 최고네!"라고 외친다. 유명한 대사인 "우마시!" 대신 "우마이!"라고 외칠 정도로 자 행의 자음으로 시작하는 표현을 쓴다.

어째서 불쾌해야 할 의성어 '즈루즈루'가 "맛있어! 아저씨 최고네!"라는 호감 장면에 사용되었을까?

맛을 읽고 듣는다는 것

인간의 심리에 작용하는 현상 중에 '부바 키키 효과'라는 것이 있다. 뾰족한 도형과 둥근 도형을 보여 주고 어느 쪽이 '부바'고 어느 쪽이 '키키'인지 물으면 민족, 인종, 문화 배경에 관계없이 거의 모든 사람이 둥근 도형을 부바, 뾰족한 도형을 키키라고 답한다는 것이다.

일본인은 이웃 나라인 한국이 사용하는 한글을 알아들을 수 없다. 같은 일본 내에서도 오키나와 방언은 알아듣기 힘들다. 하지만 소리와 도형의 기본적인 대응은 문화나 민족의 차이를 초월해 비슷하다는 것이다(자폐증이나 뇌 이상이 있는 경우에는 해당하지 않는다).

만약 자 행 자음으로 시작하는 2음절 반복형 의성어가 부바 키키 효과처럼 선천적으로 불쾌한 표현이라면(적어도 일본 문화 내에서는 불쾌하다고 해도 좋을 것이다), 불쾌한 의성어 '즈루즈루'를 먹는다는 '호감' 행동과 결부시키는 것은 말이 안 된다. '즈루즈루'의 인상을 정반대로 전환시키지 않으면 안 되는 것이다. 일본인은 끈적끈적한 낫토나 말랑말랑한 해삼을 맛있는 호감의 대상으로 받아들이지만 외국인은 쉬이 납득하지 못하는 것처럼 말이다.

그래서 의성어와 음식의 관계를 전문가에게 물어보기로 했다.

음식에 관해서는 '쿡패드(일본 대표 요리 레시피 서비스 사이트—옮긴이)'가 제일 아닐까? 일이 조금 커졌다. 나의 질문에 답해 준 미야자와 카즈미宮澤かずみ 씨는 도쿄농업대학 응용생물과학부 출신의 영양사다. 나는 들어 보지 못했지만 식품물성학 분야를 연구했단다.

"식품물성학은 먹는다는 행위의 감각을 수치화하는 것입니다. 삶은 당근을 기계로 으깰 때 '지금 몇 뉴턴으로 부수었다'와 같이 표현하는 거죠. 그렇게 해서 당신이 먹은 '좋은 맛'을 수치화하면 다른 사람에게도 완전히 똑같은 '좋은 맛'을 재현해 줄 수 있는 거죠."

맛을 수치화하고 재구축한다면 미각이라는 상당히 주관적인 감각도 타인에게 전달이 가능해진다는 것이다. 이른바 미각의 디지털화다. 이러한 음식 분야의 최전선을 연구하는 전문가가 많은 곳이 '쿡패드'다. '쿡패드'는 엄마의 요리를 자녀들이 이러쿵저러쿵 평하는 사이트 정도로만 알았는데…… 흠, 세상의 수준이 참 높아졌다.

날카로운 도형과 둥글둥글한 도형을 보여 주고 어느 쪽이 '부바'고 '키키'인지 물어보면 약 98퍼센트의 사람이 날카로운 도형을 '키키', 둥글둥글한 도형을 '부바'라고 답한다.

음식 표현 마케팅

"쿡패드에서는 식품 제조나 도매업을 하는 법인 회사들을 상대로 데이터 비즈니스를 행하고 있습니다. '먹고 싶은 욕망'을 읽는 '타베미루' 서비스를 통해서 말이죠."

쿡패드의 설명에 의하면 '타베미루'란 '쿡패드의 검색 이력을 토대로 사용자의 욕망을 가시화하고 이를 바탕으로 매장 제안, 상품 개발을 지원'하는 서비스다. 검색 이력만으로 상상할 수 없을 정도로 다양한 것을 알 수 있어 흥미롭다.

쿡패드에는 대량의 레시피 정보가 올라와 있는데 그 이상으로 레시피를 검색하는 사람들이 있다. 이때 매월, 매일 어떤 단어가 검색되는지, 식탁의 니즈가 무엇인지 데이터화해서 기업에 제공하는 것이다. 즉 검색어로부터 사람들이 어떤 음식을 원하는지 읽어 내는 것이다.

"이를 통해 한 해의 음식 트렌드를 알 수 있습니다 가령 '훗꾸라(뭉실뭉실)'라는 표현의 검색 빈도를 한 해 단위로 살펴볼 수 있는데요."

'훗꾸라'라는 검색어의 변동을 알 수 있다고? 미야자와 씨가 내게 '타베미루'를 보여 주었다. '훗꾸라' 검색 빈도는 2009년을 정점으로 하향했다.

"매년 마지막 주에 '훗꾸라'의 검색 빈도가 상승하는 움직임이 나타납니다. '훗꾸라'와 조합된 검색어도 알 수 있습니다. 마지막 주에 '훗꾸라'와 어떤 단어가 조합되었는지 살펴보면……."

검은팥? 그렇구나! 오세치 요리(정월에 먹는 일본의 명절 요리—옮

'오므라이스' 검색어의 조합 분석(2016년)

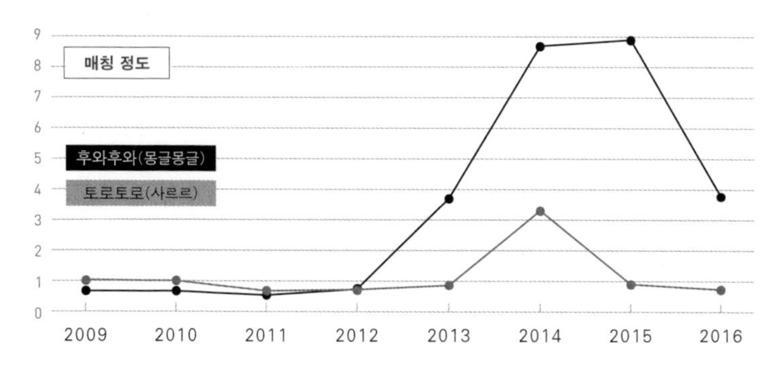

'오므라이스'와 조합된 키워드(2009~2016년). 그래프의 매칭 정도는 '오므라이스'의 단일 검색에 대하여 함께 조합되어 검색한 횟수의 비율을 표현한 것이다.

긴이)를 만들기 위해서구나!

"'압력, 압력솥'이라는 말과 조합된 검색어를 통해 주름 없이 뭉실뭉실하게 떡을 찌고 싶은 니즈를 읽을 수 있죠. 이처럼 사람들이 계절, 날짜, 시간에 따라 검색하는 음식 표현을 살펴보면 어떤 음식을 원하는지 파악할 수 있습니다."

음식 표현으로 음식 트렌드를 알 수 있는 셈이다. 이 얼마나 대단한 일인가.

"역으로 사람들이 검색하는 음식을 통해 어떤 표현들을 자주 쓰는지 알아내는 것도 가능할까요?"

"가능합니다. 그중 특히 재미있는 것이 오므라이스입니다."

오므라이스? 오므라이스를 표현하는 말은 뭘까? '후와후와(몽글몽글)'와 '토로토로(사르르)'였다!

"흥미로운 부분은 오므라이스를 지칭하는 대세 표현이 바뀐 타이밍입니다. 2009년부터 2012년까지는 '토로토로'와 '후와후와'가 옥신각신했지만, 2012년에 역전되어 2013년부터는 '후와후와'의 기세가 엄청납니다."

음식의 표현에도 저마다 기호가 달랐다.

검색어로 본 일본의 식탁

"남자들이 흥미로워할 이야기인데 2016년부터 '밸런타인' 검색어의 검색 수치 데이터입니다. 밸런타인데이 일주일 전이 가장 높지만 사실 한 달 전부터 서서히 상승하기 시작합니다. 왜 그럴까요?"

"한 달 전이면 정월 초군요."

밸런타인데이는 2월 14일이므로 초콜릿이나 선물을 미리 준비하려는 여성이 많다는 의미일까?

"원래 '밸런타인'과 조합되는 검색 키워드는 '대량, 간단'이 많아요. 하지만 1월에는 '정통'이 빈번해지다가 2월이 되면 수치가 떨어집니다. 이러한 결과는 설문 조사 통계와는 다른, 진짜 속마음을 알 수 있도록 해 주죠."

다시 말해 소중한 사람에게 줄 '정통' 초콜릿은 1월부터 준비하고, 이웃이나 아저씨들에게 나눠 줄 '대량, 간단' 초콜릿은 2월이나 되어야 검색한다는 뜻이다. 뭐, '단체 초콜릿'이라도 받을 수만 있다면 그게 어디야? 나 같은 아저씨는 그것만으로도 감지덕지다.

"'다이어트' 검색 빈도가 가장 높아지는 시기가 일 년 중 몇 월 몇 째 주라고 생각하세요?"

"다이어트라면 여름이 아닐까요? 7월 초중순? 아니면 12월 초?"

"사실 가장 급등하는 때는 정월 이후입니다. '정월 명절 음식 때문에 살쪘으니까 다이어트 해야 해!'라면서 1월 2~3주에 상승하지요. 11월 3일 문화의 날을 중심으로 휴일이 긴 실버위크 이후에도 올라갑니다."

다이어트 특집을 기획한다면 연말연시가 제격이다. 매장의 상품 구성도 이런 데이터를 토대로 만들고 있다고 한다.

그리고 '즈루즈루'도 검색해 보았다. 과연 어떨까?

"없네요."

없다고? 역시 자 행으로 시작하는 의성어답게 인기가 없었다(아무래도 신경이 쓰여서 나중에 쿡패드에 접속해 '즈루즈루'를 검색했더니 라멘은 나오지 않았다. 대신 낫토나 오크라를 이용한 레시피 정보가 나왔다. 아하! '끈적끈적'하긴 하다).

의미가 바뀌는 식사의 의성어

'라멘'을 검색하면 어떨까?

"검색 키워드로 '라멘'이 가장 높은 시기는 1월 후반이었습니다. 오세치 요리에 질려서 일반 식사로 돌아가고 싶다는 욕구를 엿볼 수 있죠."

3월에도 '라멘' 검색 빈도가 높다. 무슨 일이 있었을까?

"조합 검색어를 살펴보니 활용, 토마토가 나오네요?"

TV 프로그램에서 이런 내용을 방영했나? 혹은 맛집 방송에서 토마토 라멘을 소개했다거나.

"파스타와 라멘은 검색어에서도 차이가 납니다. 파스타는 식재료와의 조합, 양식이나 일식으로 검색하지만 라멘은 어떤 재료를 활용할지 검색하지요. 오므라이스는 나름의 식감이 중요하므로 '후와후와' 같은 표현이 조합되지만, 라멘은 오므라이스보다 식감을 중요하게 여기지 않는 것 같아요."

쿡패드에서 '라멘'과 조합되어 검색된 단어는 '바지락, 양배추' 등 단일 식재료가 많다. 가정에서 본격적으로 라멘을 만들어 먹으려는 사람은 별로 없을 것이다. 면이나 국물을 직접 만드는 게 아니니 식감은 넘어가고 함께 곁들이거나 첨가할 식재료만 주로 검색하는 것이다.

"지역에 따른 차이도 있는데 가령 홋카이도에서는 '라멘'과 '샐러드'를 주로 조합해 검색합니다."

홋카이도 선술집에만 나오는 '샐러드 라멘'이라는 메뉴가 있다고 한다. 한번 먹어 보고 싶은 음식이다.

음식 전문가로서 '즈루즈루'가 라멘을 먹을 때 나는 소리를 표현한 말이 된 것에 대해 어떻게 생각하는지 물어보았다.

"식품 제조 회사 나카타니엔永谷園의 광고로 광고업계에 혁명이 일어났죠."

1998년에 젊은 남성이 나카타니엔의 오차즈케를 열중해서 먹는 TV 광고 시리즈가 유행했다. 먹을 때 나는 소리를 가감 없이 들려주었는데 이전까지의 광고에서는 볼 수 없던 스타일이었다. 땀까지 흘리면서 맛깔스럽게 먹는 그 모습에 세간의 시선이 집중되었다.

"그 모습이 불쾌했다는 소수 의견도 있었지만 대다수는 '맛있다'는 메시지를 확실하게 보여 주었다고 여겼지요. 게다가 어떤 포지션을 잡아야 할지 갈피를 못 잡고 있었던 오차즈케가 라멘에 근접한 위상을 가질 수 있었죠. 맛의 단계를 높였던 순간이라고 할 수 있습니다."

먹을 때 나는 생생한 소리에 대한 평가와 이미지가 '품위 없다'에서 '맛있겠다'로 바뀌었다면 '즈루즈루'의 인상이 불쾌함에서 호감으로 변했어도 전혀 이상하지 않다.

"'즈루즈루'와 '쥬루쥬루' 중에서는 '쥬루쥬루'가 더 불쾌하게 느껴집니다."

음식과 소리의 관계를 정리한 책《말랑한 식사 SIZZLE WORD: 맛있는 단어 사용법》에 의하면, '쥬루쥬루'에서는 '액체의 걸쭉함 같은 접착성을 상기시킴, 마시는 속도가 약간 느린 느낌'이라고 나온다. 반대로 '즈루즈루'는 '액체의 점성을 느끼지 못함, 마시는 속도가 빠른 느낌'이라고 나온다.

둘 사이에 속도감의 차이가 있었다. 사물의 움직임을 표현하는 흉내말로서 '즈루즈루'는 물체를 천천히 끄는 이미지를 떠올리게 한다. 하지만 이 표현이 먹는 행위에 쓰이면 음식을 재빠르게 먹는 이미지가 된다. 정반대의 의미로 바뀌는 것이다.

바로 라멘의 면을 빨아들이는 속도감 말이다. 호감과 불쾌함을 넘어 상태를 표현하는 흉내말, 그것이 '즈루즈루'다.

AI가 아이돌 노래를 작사하다

흉내말의 핵심적인 부분에 대한 설명을 들어 보기로 했다. 전기통신대학 정보이공학연구과의 사카모토 마사키坂本真樹 교수는 AI를 이용한 흉내말 연구의 일인자다. AI에게 아이돌 그룹 '가면소녀'의 가사를 쓰게 하는 것처럼 놀랍도록 급진적인 시도를 하기도 했다.

"저는 64만 페이지에 달하는 문서 데이터를 가지고 있었습니다. 그런데 오스카프로모션에서 근무할 때 뭔가 해 볼 수 있지 않을까 싶어 회사와 의기투합했죠."

"잠깐만요, 선생님. 연예 기획사 오스카프로모션에 근무했었다고요?"

"그랬습니다, 하하하."

선생님, 그런 경험이 그저 웃고 넘어갈 일인가요?

"처음에는 오스카프로모션이 무슨 회사인지 모른 채 그쪽에서 건넨 스카우트 제안에 응했죠. 나중에 여배우 요네쿠라 료코와 우에토 아야가 소속되어 있다는 걸 알고 깜짝 놀랐어요. 그런 인연으로 연예계에도 흥미를 두게 되었죠. 아이돌 그룹 '가면소녀' 멤버들에게 신곡에 대한 이미지를 그림으로 그려 달라고 했어요. 그리고 그 그림을 AI에 인식시켜 가사를 만들도록 했죠."

AI는 그림과 문서 데이터베이스를 조합한 뒤 사카모토 교수가 작성한 알고리즘에 따라 그림에 가장 잘 어울리는 단어를 골라 결합시켰다. 그렇게 완성한 것이 2017년 4월에 발표된 〈전기 어드벤처〉란 노래다.

"예를 들어 가사 중에 '니코니코 우파우파 블루베리'라는 문구가 있는데, '가면소녀'의 소속사 직원이 니코니코 우파우파 블루베리가 무슨 뜻이냐고 물어본 적이 있었습니다. 사실 저도 모른다고 대답했지요. 그랬더니 그 직원은 '의미도 모르는 가사로 노래를 부를 수는 없습니다!'라고 하더라고요. 하지만 작사가는 제가 아니라 AI인걸요."

"그렇죠. 사카모토 교수님이 작사에 관여한 것은 아니니까요."

"제가 가르치는 학생들에게 니코니코 우파우파 블루베리는 안 된다고 하더라는 이야기를 전했어요. 한 여학생이 '니코니코 우파우파 블루베리를 삭제하면 안 돼요!'라고 하더군요. 소속사 직원에게 다시 이를 전했더니 '알겠습니다. 니코니코 우파우파 블루베리가 괜찮을지 프로듀서에게 물어보겠습니다'라며 재고해 주기로 했습니다."

"저도 모르게 외워 버렸습니다. 니코니코 우파우파 블루베리."

"AI가 작사했기 때문에 사람은 의미를 알 수 없을 수도 있죠. 하지만 이런 것들을 일일이 확인하는 게 흥미로웠어요. 우리 인간은 자기 기준에서 의미를 멋대로 규정하는 경향이 있잖아요. 처음에는 AI가 작사한 가사를 아이돌에게 부르게 할 수 없다는 의견도 많았습니다."

"어떤 가사였나요?"

"'나의 쿠루미(가면소녀의 멤버 이름—옮긴이 주)가 열심히 하는 것 같아'라든지 '나의 쿠루미가 터지려고 해' 라든가."

흠, 사카모토 교수님, 나의 쿠루미가 열심히 해서 터져 버리면 안 되는 거 아닐까요?

"'쿠루미는 그저 열심히 했고 아무것도 나쁘지 않은걸.'"

말이 안 되는 가사는 아니지만 아무래도…….

"연예 정보 프로그램에 출연했을 때 이 가사를 들려주었더니 사회자가 '그거 좀 야하게 들리는데요?'라고 하더군요. 그래서 제가 'AI는 순수하니까 야한 얘기를 하지 않아요. 그러니 그렇게 생각하는 사람의 머릿속이 이상한 게 아닐까요?' 하고 되받았죠. 사회자가 말을 잇지 못하더군요."

죄송합니다. 저도 야하다고 생각했어요.

"AI가 작사한 내용에 인간이 상상력을 불어넣은 거죠. 새로운 의미로 읽은 거예요."

미각으로 시작하는 의성어 연구

"일본어의 탁음은 통계적으로 해석하면 불쾌하고, 청음은 호감인 경향이 있습니다. 소리만이 아니라 모양과 상태를 표현하는 의태어, 촉감이나 동작 등을 나타내는 경우에도 그렇습니다."

라멘 면을 빨아들이는 것을 표현한 흉내말의 경우, 빨아들이는 모습을 표현한 의태어라기보다는 빨아들일 때 나는 소리를 나타낸 의성어다. 소리를 표현함으로써 라멘을 먹을 때의 현장감을 재현한다. 그래서 흉내말에 의한 호감이나 불쾌함을 단순하게 판단해서는 안 된다.

"흥미로운 점은 미각입니다. 저는 2004년경부터 미각 관련 의성어와 호감, 불쾌함의 관계를 연구했습니다."

청량음료부터 연구를 시작했다고 한다. 실험 대상자들에게 기호의 차이가 있을 것 같은 9종류의 청량음료를 마시고 난 후 그 인상을 흉내말로 답하라고 했다.

"맛있다고 생각한 사람은 '슈와, 슷' 같은 청음이 많았습니다. 맛없다고 생각한 사람은 '쥬와, 도욘' 같은 탁음이 많았습니다."

역시 탁음은 맛이 없을 것 같다.

"제 연구를 살펴본 NTT커뮤니케이션 기초과학연구소의 와타나베 준지渡邊淳司 씨가 함께 촉각을 연구해 보자며 연락을 주었죠. 그래서 같은 방법으로 촉각을 표현하는 흉내말을 모아서 음절을 분석해 보니 탁음인 자 행, 쟈 행, 가 행, 바 행 표현은 불쾌함과 결부되었습니다."

불쾌한 미각과 마찬가지로 불쾌한 촉각도 불쾌한 소리로 표현되었다. 불쾌한 소리는 대체로 탁음이었다.

소리의 인상

단어의 소리인 언어음에는 각각의 인상이 있다.

"우리의 뇌는 단어의 소리와 사물의 특징이나 인상을 잇는 방식으로 다양한 표현의 의미를 추정한다고 생각합니다. 그래서 AI로 똑같은 의미를 찾아내는 것도 가능한 것입니다."

가령 최근에 급속도로 인기를 얻은 표현이 '모후모후(복슬복슬)'다. 이것은 애초에 어떻게 만들어진 표현일까? '모후모후'는 토끼나 고양이의 털에 손이나 얼굴을 묻었을 때의 감촉을 나타낸다.

"'모후모후'는 멜론빵과 관련되어 최초로 사용되었습니다. 바삭한 겉면 안에 풍성하고 부드러운 속 부분을 '모후모후'라고 표현했죠. 2001~2002년쯤 만화에서 빵을 먹는 소리로 사용되었습니다. 그런데 2003~2004년부터는 지금처럼 동물의 털 감촉을 나타내는 표현으로 의미가 확대되었습니다."

멜론빵이라니, 의외였다.

"그럼 어째서 '후와후와(푹신푹신), 호카호카(폭신폭신), 모찌모찌(탱글탱글)'처럼 부드러움을 묘사하는 표현도 많은데 유독 '모후모후'만 유행인 걸까요?"

사카모토 교수는 자신이 개발한 표현 언어 분석용 AI에 '후와후와'와 '모후모후'를 입력해 보았다. 사카모토 교수의 시스템은 소리가 가진 인상을 비교할 수 있다. 그 결과, '후와후와'가 더 약하고 맥 빠진 인상을 주고, '모후모후'는 부드러움과 가벼움이 전해지는 동시에 보다 온화하고 친숙하며 호감도가 높은 인상을 주는 표현이라는 것을 알게 되었다.

"'모후모후'가 '후와후와'에 비해서 따뜻하다는 인상을 주기 때문에 동물의 털을 나타낼 때 사용하게 된 것 같아요."

AI가 뽑은 가장 맛있는 소리는?

사카모토 교수가 개발한 '맛 표현 언어 평가 시스템'을 이용하면 세상에 없던 새로운 표현이 우리에게 어떤 인상을 주는지 지표로 살펴볼 수 있다. 예를 들어 '죠가죠가JOGAJOGA'라는 표현을 만들어

'후와후와(푹신푹신)'의 음색 특징

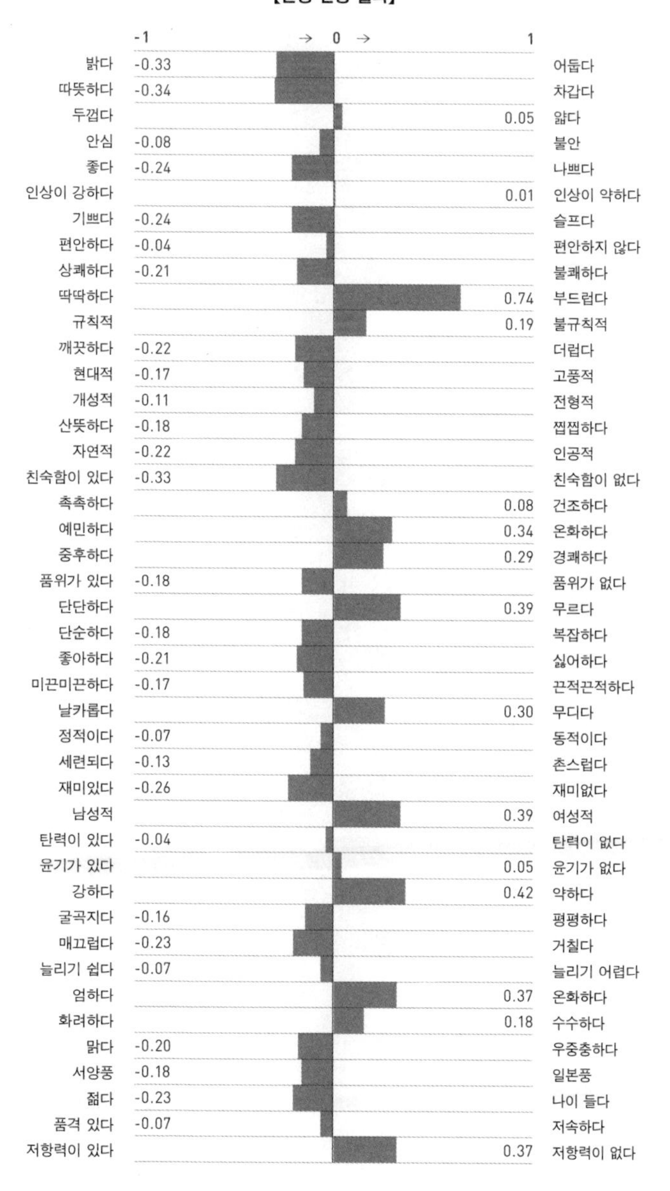

'모후모후(복슬복슬)'의 음색 특징

표현: 모후모후
음소: 'm' 'o' 'h' 'u' 반복

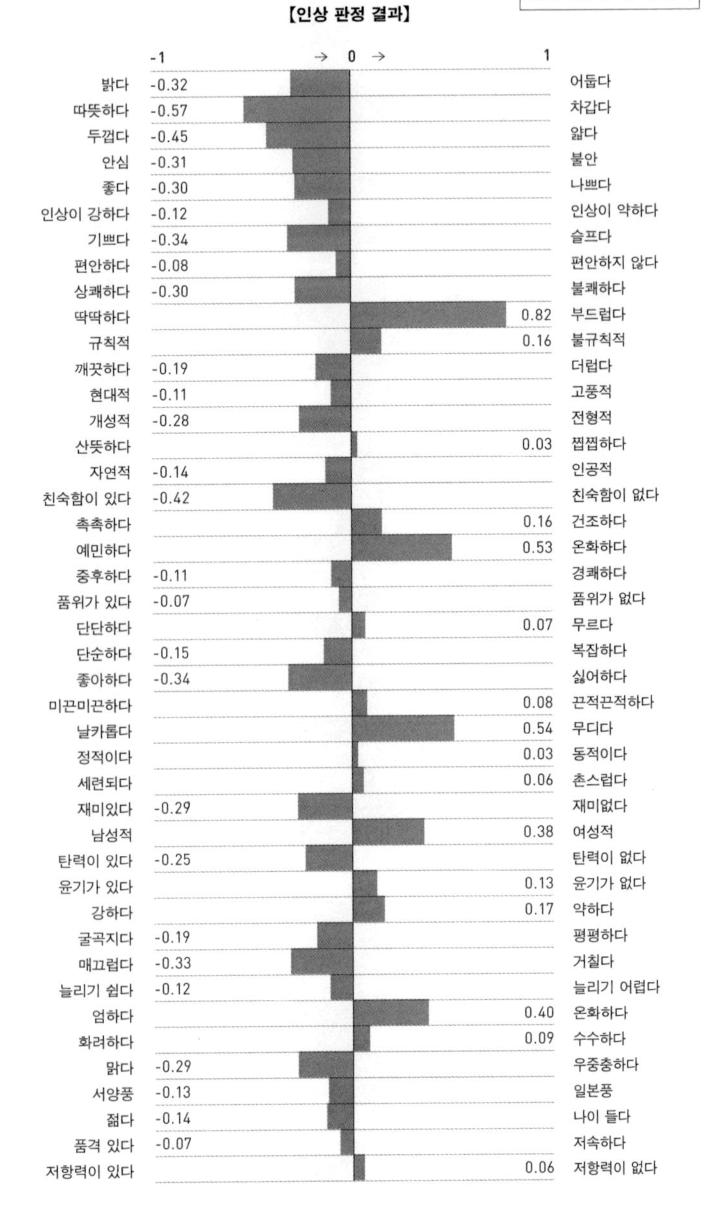

이 시스템의 AI를 이용해 분석하면 '차갑다, 불안, 나쁘다, 불규칙적, 찝찝하다' 등 부정적인 인상의 지표가 높다. 또 '동적, 남성적, 거칠다' 등의 지표도 높다.

"그러므로 '죠가죠가'한 음식물은 딱딱하고 맛없는 이미지인 것이죠."

일본인은 상태나 소리를 묘사하는 말을 자주 사용한다고 한다.

"일본인은 새로운 표현을 접하면 여러 가지 이미지를 떠올립니다. 외국인은 그렇지 못하죠. 일본인은 어렸을 때부터 의성어, 의태어에 둘러싸여 자라기 때문에 저절로 학습이 이루어집니다. 새로운 표현을 접해도 그것이 어떤 때 사용되는 것인지 금방 상상할 수 있죠."

사람은 미지의 독특한 음식을 접하고 그것을 묘사할 때 기존에 있는 표현보다 새로운 표현을 만들어 내려고 한다. 그런데 이런 활동은 AI도 가능하다. 가령 '모후모후'처럼 '따뜻하다, 부드럽다'는 인상을 주는 다른 표현을 AI도 만들어 낼 수 있는 것이다. 과연 몇 개나 완성했을까?

"물론 '모후모후'만 한 표현은 없었습니다."

AI가 만든 따뜻하고 부드러운 표현으로는 '모후리모후리, 모홋쯔, 모후응, 못후리' 등이 있다. 하지만 모두 '따뜻하다'와 '부드럽다' 지표에 있어서 '모후모후'에는 못 미쳤다.

인간의 직관력이란 참으로 놀라울 뿐이다.

라멘 먹는 소리를 분석하다

그럼 라멘으로 넘어가자.

"우선 '즈루즈루'라는 표현이 어떤 인상을 주는지 측정해 지표로 나타냈습니다. '어둡다 〉 밝다' '차갑다 〉 따뜻하다' '불안 〉 안심' '불쾌 〉 쾌적' '싫다 〉 좋다' 등 인상은 좋지 않았습니다."

좋지 않다기보다 딱 잘라 말해서 인상이 나쁘다. 상당히 부정적인 키워드다.

"'즈루즈루'와 비슷한 단어를 AI로 하여금 생성하도록 해 보니 '주루주루, 도루리도루리, 즈랏즈랏, 조로리조로리' 등이 나왔습니다. '즈루즈루'만 놓고 보면 찝찝하고 불쾌하며 편안하지 않은 인상입니다."

만약 여자 친구에게 이런 말을 들으면 울지도 모르겠다.

"AI를 이용해 '맛 표현 시스템'이라는 것도 개발했습니다. 이를 이용해 '즈루즈루'를 측정하면 '식감·목 넘김이 좋다'는 인상 항목이 추가되는데 부정적인 결과는 아니었습니다."

'매끈함 유무, 맛있음 여부'도 거의 중간 수치가 나왔다. '즈루즈루'는 맛의 표현으로서는 최악이 아니었다. 적당하게 괜찮은 정도였다.

"AI로 하여금 '즈루즈루'와 비슷하면서 '쾌적함' 최대치의 표현을 만들도록 했습니다. 그것이 바로 '즈잇즈잇, 즈릿즈릿, 자아자아' 등이었는데 금방 생성한 것치고는 꽤 특이했습니다."

이 표현들은 확실히 인상이 다르다.

"가부키 연기 톤으로 라멘 먹는 소리를 표현한 것 같은 느낌이

'즈루즈루'의 음색 특징

표현: 즈루즈루
음소: 'z' 'u' 'r' 'u' 반복

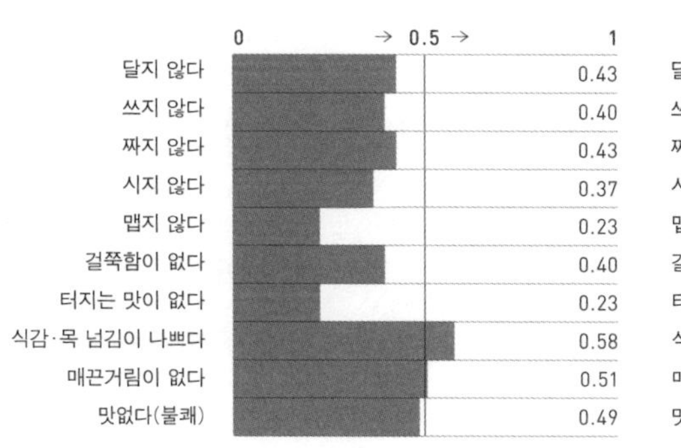

'즈루즈루'를 분석한 결과는 상당히 부정적이다. 식욕이 높아지는 표현은 아닌 것이다.

랄까요?(가부키의 대사는 일본 고어古語로, 현대 일본어에 비해서 조금 길게 빼서 발음하는 것처럼 들린다—옮긴이)"

그렇게 생각하니 참으로 그럴 듯하다.

가장 맛깔스러운 '면치기' 소리

사카모토 교수는 나에게 눈치챘느냐고 물었다.

"맛 표현 시스템으로 '쥬루쥬루'를 분석해 보면 '즈루즈루'보다 약간의 걸쭉함이나 미끈거림의 수치가 높아집니다."

의성어의 인상은 표기만 살짝 바꿔도 크게 달라지는 듯하다.

"'쥬루~' 하고 발음을 늘이면 걸쭉함이 압도적으로 올라갑니다. '츠루츠루'라고 하면 맛있는 단어가 되고요."

사카모토 교수는 어쩌면 중화요리 가게의 라멘처럼 걸쭉한 라멘에는 탁음 부호를 붙여서 '쥬루쥬루, 쥬루~'로 표현하는 게 더 어울릴지도 모르겠다고 했다.

"그래서 여러 가지 시험을 해 보았는데 밸런스가 좋은 단어로 '즛즈즈즈주리주리'가 있습니다."

자네는 지금까지 먹은 라멘의 그릇 수를 기억하는가, 즛즈즈즈주리주리! 역시 AI답게 생각지도 못한 표현을 만들어 냈다.

'면치기'는 일본인만 한다?

"연구실의 유학생에게 그 나라에는 라멘의 면을 빨아들일 때 나는 소리를 표현하는 말이 있는지 물었더니 없다고 하더군요."

외국인은 면을 빨아들이는 행위, 즉 '면치기'를 하지 않는다. 해외에서는 면치기를 결례라고 여길 정도다. 라멘을 희롱하는 짓이라고 여기니 '라희롱'이라고 할 수 있으려나.

'닛신식품홀딩스'는 면치기를 할 때 나는 요란한 소리를 덮어 주는 '오토히코音彦'라는 포크를 개발했다. 포크에 센서가 장착되어 있어서 면치기를 할 때 나는 소리가 감지되면 연동된 스마트폰에서 조용한 음악이 흘러나와 면치기 소리를 가려 주는 것이다. 일본 기업 'TOTO'가 개발한 '오토히메音姬'를 닮았다. 오토히메는 버튼을 누르면 변기 물이 내려가는 소리가 나오는 화장실용 에티켓 벨이다.

우스갯소리 같은 제품이 만들어질 정도로 외국인들은 일본인의 면치기 소리를 참을 수 없나 보다. 그런데 면치기는 원래 중국에서 들어온 문화가 아니었던가? 중국 외에 베트남, 타이 등 중화권 국가에서도 면을 먹는데 그들은 어떻게 먹을까? 그들도 면치기를 하지 않을까? 결론적으로 그들은 면치기를 하지 않는다. 면을 조용히 들어 올려서 먹거나, 숟가락 위에 얹어서 먹는다.

도쿄 진보초에 있는 중국 면 요리 전문점 '란주 라멘 마즈루'에 가 보았다. 중국에서 가장 유명한 라멘 체인점이라고 해서 11시 오픈 시간에 맞춰 11시 10분 정도에 도착했다. 가게 안에 들어간 시각은 11시 50분이었다. 대기 줄이 길었는데 예상외로 내 앞뒤에 전부 중국인이 서 있었다. 줄은 선 사람들 대부분 중국인이었다. 하와이에 놀러 간 일본인이 무심코 규동 가게에 들어가는 것과 비슷한 이치일까. 어쨌든 중국인에게 이 정도로 인기가 있다면, 중국에서 가장 유명한 라멘 체인점이라는 광고도 거짓은 아닐 것이다.

면은 라멘 면과 우동 면의 중간 정도였다. 간스이를 사용했고, 비교적 매끈하고 탱글탱글했다. 그러나 손으로 면을 뽑아서인지 가수율이 우동의 중간 정도였다. 한마디로 두껍고 탱글탱글한 면이다. 국물은 소뼈로 내어 감칠맛이 연했는데 대신 고추기름으로 보완했다. 일본 라멘도 아니고 중화요리 가게의 라멘도 아닌, 홍콩의 포장마차에서 아침 식사로 먹었던 면 요리의 맛이 떠올라서 기분이 좋았다. 그런데 카운터 근처에도 중국인, 그 옆에도 중국인이 있었다. 어쩐지 대단하다고 생각했다.

홍콩에 또 가고 싶다는 생각을 하면서 가게 안을 둘러보다가 문득 깨달았다. 저들은 정말로 면치기를 하지 않았다. 반드시 숟가락

위에 면을 올려서 먹는 것은 아니지만, 면을 젓가락으로 집어서 덩어리를 집어 먹듯 입으로 가져갔다.

조용했다. 일본 라멘 가게에는 '즈루즈루, 즈조조조' 하는 탁음으로 가득한데 말이다. 너무 익숙해서 깨닫지 못하지만 의식해서 들어 보면, 특히 카운터에 앉아 있으면 면치기 소리가 사방에서 들려온다. 그에 비해 이곳은 대화 소리는 물론 먹는 소리까지 작다. 중국인 손님을 따라 면치기를 하지 않고 숟가락에 올려 먹어 보았다. 흠, 이 방법은 또 이것대로 맛있군. 숟가락에 듬뿍 올려서 입에 넣었다.

사카모토 교수는 독일에서 유학 생활을 보냈기 때문에 외국인 친구와 함께 보낸 시간이 많았다고 한다. 그때 느낀 점이 있었다.

"외국인은 콧물도 훌쩍거리지 않아요."

콧물도요?

"저도 그게 익숙해져서 이제는 콧물을 훌쩍거리지 않아요."

면치기와 콧물 훌쩍거림이 동급이라는 뜻인가? 콧물의 훌쩍거림 여부가 문화 차이로 결정될 줄은 몰랐다.

'초루초루'와 '후루룩'

면치기를 하는 습관이 없는 외국인에게 면치기를 할 때 나는 소리를 말로 표현해 달라고 부탁해 보았다. 또한 AI로도 라멘을 먹을 때 나는 소리를 표현한 단어 후보를 생성해 보고 이를 분석했다. 그중에서 긍정적인 점수가 높은 표현을 골랐다.

"외국인들이 '총기총기' '초루초루'도 언급해 줘서 AI로 분석해 보았는데 '초루초루'가 최고로 좋은 것 같아요!"

'목 넘김이 좋고 매끈거리며 맛있는' 인상이란다. 라멘을 먹을 때 나는 소리를 표현한 단어로서 가져야 할 요소들의 수치가 높았다. 이제 결론을 내릴 차례다.

"제가 만든 시스템은 음색과 맛의 평가를 통계적으로 해석하고 음색의 조합으로 맛의 표현을 찾아냅니다. 그것을 사용해 라멘에 최고로 어울리는 의성어를 찾아보았더니 '초루초루'가 선택되었습니다. 새로운 라멘의 의성어로 '초루초루'가 생길지도 모르겠습니다. 그리고 '즈'보다 '쥬'가 더 인상이 좋았습니다. 목 넘김이나 걸쭉함을 강조할 때에는 '즈루즈루'보다 '쥬루쥬루' 표현이 더 맛있게 느껴집니다."

훌륭하다. 모든 만화가에게 고하고 싶다. 21세기 라멘에 관한 의성어는 '초루초루' 혹은 '쥬루쥬루'로 결정합시다! 저작권은 사카모토 마사키 교수에게 있는 것으로 하고요. 사카모토 교수님, 감사합니다.

그리고 다음 날이 되었다. 내 어머니에게는 미국인과 한국인 남자 친구가 있다. 나는 그들을 '성스런 형님들'이라고 부른다. 왜냐하면 두 사람은 룸메이트인데 마치 만화《세인트 영맨》속 부처와 예수 같았기 때문이다.

예수 쪽인 앤드루는 언어 오타쿠다. 일본어, 영어, 한국어, 프랑스어, 이탈리아어, 하와이어를 구사한다. 최근에는 홋카이도, 사할린, 쿠릴 열도에 사는 민족의 언어인 아이누어를 조사하고 있다며

잔뜩 힘이 들어갔다. 세계를 여행하고 있는데 가 보지 않은 나라가 가 본 나라보다 적을 정도다. 앤드루에게 전화를 걸어 외국어 중에 라멘을 먹을 때를 표현하는 의성어가 없냐고 물었다.

"없어요."

역시 없었다.

"우리는 라멘을 먹을 때 면치기를 하지 않으니까요."

그럴 것이다.

"먹을 때 소리를 내는 것은 굉장히 예의에 어긋나는 행동이에요. 일본인은 괜찮지만 우리는 매너에 위배되거든요. 그래서 그런 말은 없어요."

확실히 예의범절에 어긋날 수도 있겠다.

"한국에는 있는 것 같아요. 철이를 바꿔 줄게요."

한국인인 철이는 서울대학교를 수석으로 졸업한 울트라 우등생이면서 어쩐 이유인지 일본에서 자수를 가르치고 있다. 물론 자수가 나쁘다는 이야기는 아니다. 하지만 도쿄대학교를 수석으로 졸업한 뒤 제빵 장인이 되었다면 공부한 게 아깝지 않은가? 그것과 같다.

"한국에서는 '후루룩'이라고 말합니다."

후루룩?

"면 요리를 먹을 때 나는 소리를 '후루룩'이라고 표현해요."

혹시 한국인도 면치기를 할까?

"그다지 하지 않아요. 어른들에게 혼날지도 모르거든요."

역시 한국도 면치기 문화권은 아니었다.

'초루초루'의 음색 특징

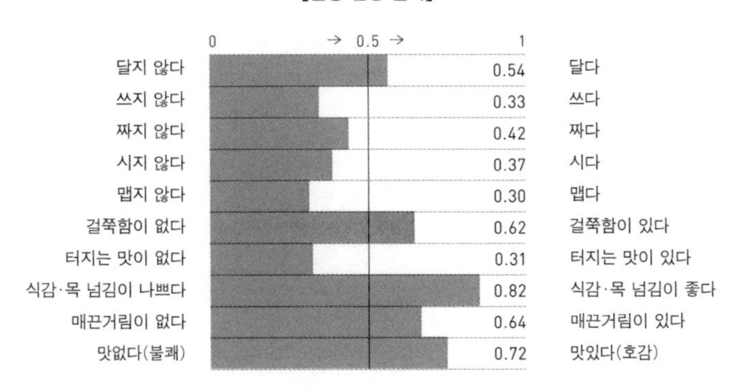

'초루초루'의 분석 결과. 음식을 먹을 때 나는 소리를 표현하는 말로서 긍정적인 데다 면을 먹을 때 중요한 '목 넘김, 매끈거림'의 평가가 높다.

'후루룩'의 음색 특징

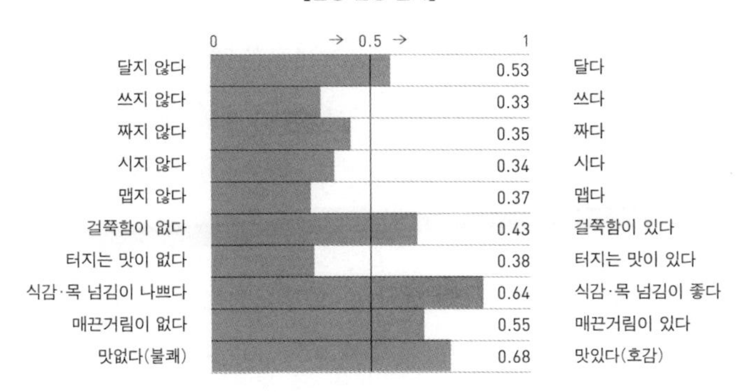

'후루룩'의 분석 결과. 상당히 긍정적이다. 일본 외의 문화에서 면치기 표현이 존재한다는 데 놀랐다. 게다가 '즈루즈루'와 음색이 전혀 비슷하지 않았다.

"라멘을 먹을 때의 모습이라면 '후루룩거리다'라고 표현할 수 있어요."

어쨌든 일본의 '즈루즈루' 외에 면을 먹는 표현이 해외에도 있음을 발견했다.

사카모토 교수님에게 부탁해서 '후루룩'을 분석해 달라고 했다. '초루초루'에는 미치지 못하지만 긍정적인 결과가 나왔다. 일본 만화에서 '후루룩'이 사용되는 것은 아니지만 한국인을 만나면 어떻게 쓰고 있는지 자세히 듣고 싶다.

풍미의 메커니즘

어째서 일본인은 면치기를 하게 된 것일까? 고든 셰퍼드Gordon M Shepherd가 쓴《신경 요리학: 뇌가 풍미를 만드는 방법과 중요한 이유》라는 책을 읽었다.

뇌신경학 분야에서 미각을 논하는 새로운 학문 분야인 신경 요리학을 일반인이 쉽게 이해할 수 있도록 소개한 책이었는데 흥미로운 내용이 담겨 있었다. 냄새에는 '들숨 경로의 냄새'와 '날숨 경로의 냄새'가 있다는 것이다.

들숨 경로는 코로 맡은 냄새가 뇌에 도달하는 일반적인 경로다. 냄새 분자가 공기와 함께 코 안쪽의 후각 세포와 결합하면 우리는 냄새를 감지하게 된다.

날숨 경로는 들숨 경로에 비해 별로 알려지지 않았다. 코 안쪽에는 구강(입안)과 연결된 통로가 있는데 이 통로로 흘러 들어온 공기에 의해 냄새를 감지하는 것이 날숨 경로의 냄새다. 이때 마치 입안에 향이 퍼지는 것처럼 느껴지는데 이 향을 '구중향口中香'이라고 한다.

식사가 한창일 때 음식물 냄새는 들숨 경로뿐만 아니라 입안에서부터 날숨 경로를 통해 뇌에 전달된다. 구중향은 음식물의 맛이나 식감과 함께 어우러져서 처리되기 때문에 우리는 일반적으로 입안에서 냄새가 느껴진다는 것을 인지하지 못한다. 구중향, 혀의 미각 세포가 감지한 맛, 음식물의 식감, 이 모두를 우리의 뇌가 처리하면서 떠오르는 감각이 바로 풍미의 정체다.

가설을 세워 보자. 유럽, 미국, 중국, 어디든 국물은 식재료의 엑기스를 활용한다. 고기, 생선, 채소, 허브를 차곡차곡 쌓은 뒤 철저하게 끓이거나 삶거나 쪄서 재료의 엑기스를 전부 뽑아낸다. 완성된 국물에서는 식재료의 풍부한 향이 난다.

한편 일본의 맛국물은 어떤가? 가쓰오부시는 뜨거운 물에 넣었다가 금세 건진다. 오래 두면 잡내와 비린내가 나기 때문이다. 장국에 사용하는 경우에는 바짝 졸인다. 다시마는 물에 담가 우린다. 해외의 국물과는 정반대로 맛을 없애면서 심플함을 추구한다. 그렇게 완성된 맛국물은 1가지 맛의 가벼운 풍미를 가진다.

다른 나라의 국물에 비하면 일본의 맛국물은 향이 약하다. 맛국물 향을 더 강하게 느끼려면 들숨 경로만으로는 부족하지 않을까? 구중향은 미미한 향을 크게 증폭시킨다. 입안에서 공기와 냄새가 고속으로 뒤섞여 날숨 경로를 통해 느껴지기 때문이다. 육식을 즐기지 않는 일본인이 아미노산의 감칠맛을 최대한 많이 느끼기 위해서 이 구중향에 민감해진 것은 아닐까?

면발을 빨아들이는 식문화의 성격

인간은 음식물에 영양가가 있는지 없는지 냄새로 판별한다. 냄새 감각을 처리하는 뇌 영역은 '후피질'인데 후피질은 냄새를 처리하는 것 외에도 1가지 중요한 역할을 한다. 음식물에 아미노산이 들어 있는지 판단하는 것이다. 즉 먹고 있는 음식에 20종류의 필수 아미노산이 함유되어 있는지 판정하는 것이다.

그런데 면치기 문화가 소바로부터 시작되었다면 어떨까? 도쿄 토박이는 소바에 쯔유 국물을 조금만 묻혀서 면치기를 한다. 그렇게 소바의 풍미 자체를 즐기는 것이다. 소바의 은은한 향을 최대한 느끼기 위해 면을 공기와 함께 빨아들인다. 그러면 구중향이 강해진다.

"소바 국물은 하얗게 만들어라"라는 말이 있다. 면치기를 하면 육수가 튈 수 있기 때문에 하얗게 만들라는 의미다. 일본의 식문화는 연하고 심플한 향을 즐긴다. 그렇게 소바를 면치기 하게 되었고 이것이 라멘을 먹을 때에도 이어진 게 아닐까?

면치기 문화는 일본의 면에만 해당할까? 일본인만 면치기를 한다는 점은 이미 알고 있다. 그러나 정말 다른 나라에는 없을까? 지구상에서 일본인 외에는 누구도 음식이나 음료를 빨아들이듯 먹지 않는 것일까?

문득 떠올린 것이 와인이었다. 와인을 시음할 때 엄격하게 향을 맡고 '즈루즈루' 빨아들인다. 그런데 우리는 일본의 라멘은 볼품없고 와인은 세련됐다고 여긴다. 그렇다면 와인을 마실 때 내는 소리를 표현하는 의성어는 없을까? 와인도 빨아들이듯 마신다면 라멘을 먹을 때 쓰는 의성어를 와인에도 적용할 수 있지 않을까? 그러면 라멘도 '트레비앙'이나 '샹젤리제' 같은 세련된 이미지로 바뀌지 않을까?

의성어의 세계는 심오하고 재미있다.

사람들이 그 가게 앞에만 줄을 서는 이유

오늘날 라멘은 '라멘 붐'이라는 단어가 무색해질 정도로 많은 사랑을 받는 음식으로 자리 잡았다. 정통 미식가 사이에서 유행하는 가게가 극심하게 바뀌는 것이 라멘의 세계다. 그러나 새로운 가게가 문을 열고 또 문을 닫는 중에도 경이적인 대기 줄이 끊기지 않는 맛집이 존재한다. 왜 사람들은 일부러 기다리면서까지 그 가게의 한 그릇을 맛보고 싶어 할까? 사람들이 라멘의 노예가 되는 메커니즘을 과학적으로 밝혀 본다.

대박 맛집의 비밀

사람들이 줄을 서는 가게가 있다. 게이오대학교 근처에도 항상 대기 줄을 서는 가게가 있는데 '대체 무슨 가게일까?' 오랫동안 궁금했었다. 오늘날의 라멘 붐 덕분에 그곳이 화제의 가게 '라멘지로' 본점임을 알게 되었다. 라멘지로는 지로리안이라 불리는 열광적인 팬이 있는 것으로 유명하다. 그리고 지로리안이 말하길, 라멘지로의 라멘은 단순한 라멘이 아닌 그 자체로 '라멘지로'라는 음식이란다. 어쨌든 엄청난 양의 채소와 고기와 돼지비계로 유명하다. 보통의 라멘을 떠올렸다면 나오는 양에 압도된다. 웃음이 나올 정도로 굉장하다.

예전에 칸나나 거리에 '토삿코土佐っ子'라는 라멘 가게가 있었는데 거기도 대기 줄이 대단했다. '세아부라 찻차계'라고, 돼지비계

를 라멘 위에 눈처럼 고르게 뿌리는 스타일의 원조로 유명했다. 지금은 소리 소문 없이 문을 닫아 버렸지만 당시에는 줄 선 사람이 엄청나게 많았다. 근처 주차장이 전부 꽉 차서 차를 세울 곳이 없어 방문을 포기한 적도 있다.

사람들이 줄을 서는 가게와 그렇지 않은 가게의 차이는 무엇일까? 잡지나 TV에 소개된 라멘 가게에는 순식간에 엄청난 사람이 몰려든다. 최근에는 블로그의 영향력도 커졌다. 유명 블로거가 소개하고 나면 몇 개월이나 대기 줄이 끊이지 않는다는 이야기도 들린다. 그러나 라멘지로와 토삿코는 반짝 스타로 부흥한 가게와 차원이 다르다. 몇 개월 정도의 이야기가 아니다. 몇 년 단위로 계속해서 사람들이 줄을 서는 것이다.

어째서 사람들은 그렇게 매료되는 것일까? 라멘지로의 팬 사이트에는 가게에서 사용하는 간장이 특별하다고 주장하는 사람도 있고 면이나 국물이 다르다는 의견도 있다. 이 주제로 서로 격론을 벌이고 있다.

간장이 다르다?

라멘지로에 사용되는 카네시 간장은 정체가 불명확하다고 한다(현재는 다른 회사의 제품을 사용하고 있다). 이 간장은 업소용으로 소매점에서는 팔지 않는다. 카네시 간장의 라벨은 녹색과 보라색, 2종류가 있는데 지로리안들은 보라색 라벨이 붙은 간장이 라멘지로 전용으로 납품되었다고 알고 있다. 그 보라색 라벨 간장이야말로 사람들이 라멘지로에 중독되는 이유일까?

게다가 간장을 판매하는 회사의 주소를 찾아간 지로리안에 의하면, 그곳은 평범한 주택가이며 회사로 보이는 건물은 하나도 없다고 한다. 확실히 구글 스트리트 뷰로 360도 둘러봐도 주변에는 아파트와 주택뿐 법인 회사처럼 보이는 건물은 없다. 소매점에서도 찾아볼 수 없고 판매 회사의 존재조차 불명확하기 때문에 카네시 간장은 점점 신격화되었다.

'2CH(일본 대형 커뮤니티—옮긴이)' 게시판에도 '보라색 라벨 간장은 싸구려다, 아니다'를 두고 열띤 설전이 벌어졌다. 라멘지로에 줄을 서는 이유가 카네시 간장 때문이라면 그것은 상당히 비싸고 특별하며 맛있는 간장이어야 할 것이다.

"전용 카네시 간장을 일부러 값싼 제품이라고 여기면 뭐가 달라지나?"

"전용 간장을 조악품이라고 믿어도 행복할 수 있다면 나는 그것대로 괜찮다고 생각해."

라멘 가게에서 쓰는 간장의 가격을 놓고 설전이 벌어진 것이다. 라멘지로가 아니면 이런 일도 벌어지지 않았을 것이다. 꽤 오래전 일이지만, 한 잡지에서 라멘지로에 대한 기사 중에 〈카네시 간장의 수수께끼〉라는 칼럼을 읽은 적이 있다. 그때 나는 존재조차 모호한 그 회사에 전화를 걸어 보았다. 지도에 회사 건물은 보이지 않아도, 전화번호부에 전화번호는 있었던 것이다. 신호가 갔다.

"네, 카네시입니다."

아주머니가 받았는데 멀리서 개가 짖는 소리가 들렸다. 환상도,

무엇도 아니었다. 주택이 사무실을 겸했던 것이다. 근방에 회사 건물이 보이지 않았던 이유였다.

"카네시 간장을 사고 싶은데요"라고 조마조마하게 말을 꺼내자 수화기 저편에서 한숨 소리가 들렸다.

"많은 사람이 전화로 그런 요구를 해요. 하지만 정말로 우리 간장은 등급이 낮아요. 세상의 모든 간장을 우수한 것부터 열등한 것까지 등급을 매긴다고 하면 우리 거는 가장 열등할 거예요. 정말 대단찮은 간장일뿐이에요."

실제로 라멘지로 가게에서 사용하는 간장 병을 훔쳐본 손님에 의하면 원료는 탈지가공대두, 밀가루, 식염, 아미노산액, 보존료(벤조산나트륨)였다고 한다. 아미노산을 첨가한 간장이 고급품일 리가 없다.

"큰 기대를 품은 사람도 있겠지만 우리 간장은 마법의 간장이 아니에요. 이를테면 신석기 시대의 간장이라고 할까요? 정제되지 않은 원유 같은 간장이에요. 이렇게 표현하면 충분히 알 만하겠죠?"

신석기 시대의 원유라…… 그렇게나 급이 낮다고?

"심하죠? 이렇게 유명해지고 나니까 창피하지만요. 누군가 묻더군요, 일본 요리를 공부하는 사람이 전화를 걸어서는 우리 간장을 꼭 구입하고 싶다고요. 하지만 뒤에서 남편이 '창피하니까 어서 전화 끊어!'라고 소리쳤었죠. 하하하!"

탈지가공대두, 요컨대 대두다. 단백질을 아미노산으로 분해하는 아미노산화 가공을 통해 간장을 만드는 기술은 태평양전쟁 중에 개발되었다. 당시 해군에서 머리카락으로 간장 대체품을 만드는 연구를 했었는데(더 거슬러 올라가면 초창기의 글루탐산 추출 기술이 있다) 이 제조 기술을 응용한 것이다. 그런 의미에서 신석기 시대 원유라는 겸손은 맞는 말이다. 제조하는 기간이 짧기 때문에 몇 년이나 발효시켜 만드는 고급 간장과는 근본적으로 다르다.

"라멘지로에서는 여러 회사의 조미료를 배합하잖아요. 카네시 간장에 여러 가지를 조합해서 사용하는 거죠. 저희로서는 고마울 뿐이지만요."

사장 내외는 더 이상 사람들의 입에 오르내리는 게 싫은 것 같았다. 그렇게 카네시 간장 구입은 실패했다.

쓰는 기름이 다르다?

먹어 본 사람은 알겠지만 라멘지로나 그 맛을 지향하는 가게에서 나오는 라멘 양은 보통이 아니다. 글루탐산나트륨을 한 술 듬뿍 넣고, 가득 담긴 양념에 팔팔 끓인 육수를 붓고, 거기에 면과 데친 콩나물과 숙주나물과 양배추 등 채소, 두꺼운 고기를 올리고 돼지비계를 국자로 떠서 그릇의 빈틈 사이사이를 채운다. 국물 표면을 두껍게 덮고 있는 기름 때문에 숟가락이 국물 속으로 가라앉지 않고 둥둥 떠 있을 정도다. 폼으로 '라멘지로라는 음식'이라고 불리는 게 아니다.

압도적인 칼로리에 절로 눈이 감긴다. 완멘 하고 나면 목구멍 안쪽까지 라멘으로 차서 말도 못하니 그것은 그것대로 큰일이다. 다

먹은 후에는 '한번 먹었으니 됐어, 장난 아니잖아'라면서 다시 도전할 마음이 들지 않는다. 솔직히 라멘은 쳐다보고 싶지도 않게 된다.

그런데 신기하게도 며칠이 지나면 어째서인지 갑자기 또 먹고 싶어진다. 그 특유의 돼지고기 냄새가 코를 어지럽힌다. 라멘지로를 3번 방문하면 그때부터 중독된다는 말이 있다. 무슨 뜻인지 알 것 같다. 뭔가에 홀린 것처럼 먹고 싶어진다.

이 충동은 무엇 때문일까? 라멘지로 못지않게 양으로 승부하는 가게는 다른 곳에도 많다. 그러나 그 가게들도 사람들이 줄을 서느냐고 하면 그렇지도 않다. 푸짐한 양 때문도 아니고, 간장 때문도 아니다. 사람들은 무언가 다른 이유 때문에 라멘지로에 줄을 서는 것이다.

맛있는 음식을 먹으면 기분이 좋아진다. 마약과 동일하게 뇌의 보상 회로가 작동하기 때문이다. 맛있는 것을 먹으면 뇌에서 베타 엔도르핀beta endorphin이 분비되고, 모르핀이나 헤로인의 수용체이자 신경 전달 물질인 오피오이드opioid에 작용한다. 도파민이 먹고 싶다는 충동을 만들어 내고, 먹고 나면 베타 엔도르핀에 의해 행복해진다. 좋은 맛은 마약인 것이다.

교토대학교 농학연구과 교수 후시키 토우로伏木亨 씨의 연구에 의하면 지방을 먹으면 뇌의 보상 회로가 작동한다고 한다. 실험 쥐에게 옥수수기름을 주는 실험을 한 결과 실험 쥐는 확실하게 기름에 집착하게 되었다. 버튼을 몇 차례 누르면 옥수수기름이 나오는 급식기를 주었더니, 실험 쥐는 기름이 나올 때까지 참고 견디며 버튼을 100번이고 200번이고 계속 누른 것이다.

> 케이크 가게, 빵 가게, 라멘 가게의 긴 대기 줄을 보면 급식기의 버튼을 누르는 쥐 실험과 매우 닮았습니다. 대기 줄의 길이는 기다리는 사람들의 기대감을 나타내는 겁니다. **– 도서 《맛의 비밀》 중에서**

라멘지로와 토삿코의 공통점은 압도적인 돼지비계다. 그 돼지비계야말로 사람들이 줄을 서는 이유이지 않을까?

기름과 설탕과 글루탐산의 환상 조합

글루탐산의 감칠맛에도 기름과 마찬가지로 실험 쥐를 집착하게 만드는 효과가 있다고 한다.

> 소장의 세포는 글루탐산과 지방산을 비슷한 물질이라고 인식한다.
> **– 도서 《마법의 혀: 우리 몸에 필요한 것을 맛있다고 느끼는 신비한 구조》 중에서**

감칠맛에도 기름과 같은 효과가 있는 것은 글루탐산과 지방산의 구조가 매우 비슷하기 때문인 것 같다. 기름기가 적은 일본 요리를 먹고도 일본인이 만족하는 것은 맛국물의 영향이 크다(다만 맛에 대한 연구에서 중독성은 발견하지 못했다고 하니 앞으로의 결과가 기대된다).

옥수수기름에 익숙해진 실험 쥐에게 오피오이드 수용체를 방해하는 약을 주입하면 옥수수기름에 전혀 흥미를 보이지 않게 된다. 도파민 방출을 막는 '도파민 D1 블로커'라는 약물을 투여하면 중독은 해소된다고 한다.

음식에 의한 뇌 보상 회로 자극은 마약과 달리 지극히 짧은 데다 먹기 전에 절정을 억누른다. 실험 쥐는 기름 배급이 될 것을 알게 되면 "입에 대기 전부터 쾌감 신경계가 흥분하기 시작하고, 베타 엔도르핀 생산 유전자가 작용해서" 쾌감이 최고조에 달한다. 그런데 막상 먹기 시작하면 "조속히 썰물이 빠지듯 유전자의 작용이 끝나고" 만다.

먹기 전에 일어난 뇌의 반응은 실험 쥐에게 기름을 몇 번이나 준 후에 일어난 것이다. 실험 초반에는 일어나지 않았지만 "며칠 동안 꾸준히 기름 지급을 계속하면 기대의 쾌감이 출현"한다.

사람들이 기다리면서까지 먹는 라멘의 비밀은 뇌의 이런 작용 때문이 아닐까? 그리고 '뇌내 마약'이라고 불리는 도파민 때문이 아닐까? 세 번째부터는 중독된 것처럼 먹고 싶어지는 것은 베타 엔도르핀의 작용이고, 먹고 난 뒤에 허탈해지는 것은 베타 엔도르핀 생산이 완료됐다는 사인일 것이다. 그 모든 것이 기름이 일으키는 환상의 맛 때문이다.

하지만 먹은 사람은 그 메커니즘을 모른다. 모르기 때문에 황홀감을 안겨 주는 돼지비계 듬뿍, 글루탐산나트륨 가득한 라멘을 먹을 수밖에 없는 것이다.

돼지비계 라멘을 먹다

도쿄 이타바시 구에 위치한 라멘 가게 '게토바시下頭橋'는 토삿코의 직계 가게다. 가게 주인은 토삿코에서 수행한 후 독립하여 토삿코가 없어진 지금도 그 맛을 전하고 있다.

토삿코 직계라는 것만으로 방문할 가치가 충분하지만 이곳은 무려 100퍼센트 돼지비계 라멘을 낸다고 한다. 100퍼센트 돼지비계라면 그야말로 뇌내 물질이 마구 나오고 절로 눈이 감기는 환각 상태를 맛볼 수 있지 않을까? 돌이킬 수 없을 정도로 엄청나게 흘러넘치는 도파민과 엔도르핀을 경험할 수 있지 않을까?

카운터 너머로 혼자서 고군분투하는 가게 주인에게 돼지비계 라멘을 주문했더니 다시 한 번 확인한다.

"정말로 먹을 셈이야?"

"역시 일반적으로 사람들이 주문하지 않는군요?"

"전에 블로그에 소개되었을 때는 하루에 5명이나 주문했었지."

토삿코가 아직 영업했던 때에는 한 달에 한두 명이 주문했다고 한다.

"그게 말이지, 우리도 주문하면 내놓기는 하는데……."

"맛이 없나요?"

"잘 모르겠어. 안 먹어 봤으니까."

"먹어 보지 않았다고요?"

"당연히 안 먹지!"

"그렇군요."

보통의 토삿코 라멘은 그릇에 양념을 넣고 거기에 기름진 육수를 부은 뒤 그릇 위에 돼지비계 가루를 흩뿌려 준다. 그 위에 다시 국물을 붓고 돼지비계를 또 착착 뿌린 뒤 차슈나 달걀을 올려 손님에게 내놓는다.

100퍼센트 돼지비계 라멘의 경우, 기름진 국물을 부은 그릇 위에 돼지비계를 착착, 착착, 착착 흩뿌린 뒤 양념과 돼지비계를 섞어서 담고 다시 돼지비계를 착착, 착착, 착착 뿌린다. 여하튼 돼지비계로 그릇이 넘칠 듯하다.

"잘…… 먹겠습니다."

돈코츠 라멘 같은 우윳빛이지만 전부 돼지비계다.

크게 심호흡한 뒤 국물을 들이켰다. 어? 의외로 괜찮다. 생각보다 기름지지 않다. 느끼할 것 같은데 그렇지 않았다. 주인이 불안한 눈으로 내 쪽을 본다.

"어때?"

"괜찮아요. 의외로 평범하게 먹을 수 있겠는데요? 달아요."

"돼지비계가 원래 달아."

"뭐, 보통 라멘이 더 맛있지만 이것도 이것대로 맛있어요."

어쩐지 김샜다. 좀 더 대단한 것을 상상했는데 눈 깜짝할 사이에 먹어 치워 버렸다. 이게 뭐야? 도파민은, 엔도르핀은 어떻게 된 거지? 뭐, 그렇지만 그리운 토삿코의 맛을 그대로 즐길 수 있었고 기름도 그렇게 느끼하지 않았다. 대체 누가 먹어 보라고 한 거야? 아, 내 의지였지, 참.

"이제는 보통 라멘을 먹으러 갈 거예요" 하고 가게를 나왔다. 그런데 1시간 후, 손바닥이 미끈미끈하고 얼굴이 번들번들해졌다. 축축해서 괴롭다. 힘들게 걷는데 갑자기 신호가 왔다. 나는 화장실로 뛰어들었다. 발을 동동거리며 바지를 내리고 앉았다. 역시 무리였다. 속이 놀랐나 보다. 그리고 다음 날, 몸져누웠다.

그 뒤로 반년이 지났다. 또 먹고 싶으냐고 묻는다면…… 떠올리는 것만으로도 속이 느글거린다. 실험 쥐는 기름을 끝없이 먹을 테지만 인간과 실험 쥐는 다르다. 뭐든지 한계가 있다는 것을 깨달은 경험이었다. 100퍼센트 말고 보통으로 먹자. 보통으로 충분하다.

라멘을 먹으려고 그릇을 잡아당겼다. 앞에 놓인 라멘에 얹어진 차슈가 핑크색이 아닌가. 스테이크나 로스트비프라고 착각할 만큼 선명한 로즈핑크다.

설마 진공 조리법이 쓰였을까?

진공 조리법은 1980년대에 프랑스에서 개발된 기술이다. 미슐랭 가이드 스리 스타 레스토랑인 '엘 부이El Bulli'로부터 시작된 분자 요리법(콩소메를 알긴산의 피막 안에 담아 마치 연어알처럼 보이게 가공하거나, 소스를 거품처럼 만들어 내놓는 등 과학을 이용한 요리법)에 의해 재조명되었다.

진공 조리법으로 스테이크를 만드는 경우, 고기를 굽지 않고 삶는다. 진공 포장한 고기를 단백질이 응고하는 온도에 가까운 섭씨 58~62도에서 일정 시간 가열하여 삶은 뒤 고기 표면만 살짝 불로 굽는다. 그러면 생고기의 식감과 풍미를 남기면서도 불 맛이 완전히 배어든 새로운 맛의 스테이크가 완성된다.

요리는 과학이라는 말이 있다. 일반적인 조리 기술은 요리를 더 맛있게 만들기 위해 경험과 노하우를 바탕으로 최고의 정답을 찾는다. 하지만 분자 조리법은 그 반대다. 경험과 노하우만으로는 불가능한 새로운 미각과 미식 경험을 과학을 이용해 만들어 낸다. 분자 조리법은 그 전위적인 시도 때문에 요리인 동시에 예술이라고 불리는 경우가 많다. 그 정도로 도전적이고 과감하다.

그런 최첨단 조리법이 라멘에도 아낌없이 사용되고 있다는 데 충격을 받았다. 1000엔 이하로 분자 요리를 경험할 수 있다니, 라멘 말고는 생각도 할 수 없다.

처음으로 먹어 본 로즈핑크 차슈는 부드럽고 촉촉해서 무화학 조미료 국물과 잘 어울렸다. 과학으로 이해하는 게 아니라 새롭게 발견하는 맛, 그것이 지금의 라멘이다. 앞으로 과학이 라멘을 어디까지 끌고 갈지 몹시 기대가 된다.